매력적인 뼈 여행

매력적인 BONE 뼈 여행

몸의 기둥, 뼈에 대한 놀라운 지식 프로젝트

하노 슈테켈 지음 카트린 피더링 그림 배명자 옮김 은상수 감수

와이즈베리
WISEBERRY

손가락을 만지고 발가락을 느껴봐.

팔꿈치를 잡고, 발가락을 당겨봐.

다리를 두드리고, 살을 살짝 눌러봐.

아주 부드럽게.

틀림없이 아주 딱딱할 거야.

돌처럼 딱딱한 게 느껴질 거야.

그게 바로 뼈라는 거란다.

뼈, 뼈, 뼈가 있어.

오~ 뼈, 뼈, 뼈,

한두 개가 아니야.

셀 수 없이 많지.

하지만 저마다 쓰임새가 다르지.

네 안에 뼈, 뼈, 뼈가 있어.

〈세서미 스트리트〉에서 카운트 백작이 부른 '뼈 노래(Inside Of You)'

척추, 어깨, 골반, 무릎에 관한 뼈가 되고 살이 되는 이야기

얼마 전 경제지를 보다가 'Financial Literacy'라는 말을 보았습니다. 금융 이해력, 금융 지식 등으로 해석되는데, 금융 이해력을 높이는 것이 행복한 노후를 위해 중요하다는 내용이었습니다. 이 말은 의학에서도 적용이 가능합니다. 'Medical Literacy', 즉 의학 이해력을 높여야 행복한 노후를 맞을 수 있습니다!

미국 진료실에서 본 환자들 대부분은 자신의 병에 대해 어느 정도 알고 정확한 의학용어, 근육 이름을 사용하며 의사와 상의하는데 그 모습이 인상적이었습니다. 예부터 알아야 대접받는다고 했습니다. 더 좋은 치료를 받으려면 이제는 환자도 공부해야 하는 시대가 왔습니다.

특히 정형외과는 고령화 시대로 접어들면서 환자가 점점 증가하는 분야입니다. 시간이 지나면 뼈와 관절에 문제가 생길 수밖에 없기 때문입니다. 안타깝게도 누구든 언젠가는 정형외과를 찾는 일이 생깁니다.

《매력적인 뼈 여행》은 정형외과 질환에 관심이 있는 분들을 위한 책입니다. 독일 정형외과 의사 슈테켈은 〈세서미 스트리트〉의 '뼈 노래'를 소개하며 시작합니다. 정형외과와 떼려야 뗄 수 없는 뼈와 정형외과에서 큰 비중을 차지하는 근육까지 이해하기 쉽게 설명합니다. 그다음에는 소아와 성인의 특징과, 머리부터 발끝까지 정형외과의 흔한 질환에 대해 재미있는 비유를 들며 자세히 설명해줍니다. 마지막에는 정형외과 질환 예방을 위한 운동법과 식사법까지 알려주니, 그야말로 '정형외과의 A to Z'를 알려주는 책입니다.

이 책을 읽으면서 마치 정형외과 레지던트 때 공부한 내용을 복기하는 듯했습니다. 책의 내용을 제대로 이해한다면 정형외과 레지던트와 비슷한 수준의 지식을 알게 될 겁니다. 그것도 아주 쉽고 재미있게 말입니다.

국민 소득 1만 달러 시대엔 골절 분야가, 2만 달러일 때는 무릎과 척추 분야가 뜨고, 3만 달러 시대에는 미국에서 발 분야가 각광을 받았습니다. 겨울에 스키 인구가 많았을 때는 십자인대 손상으로 무릎 분야가 바빴다가, 스노보드가 유행하면서 손목뼈 골절 환자가 많아져서 수부 분야가 바빴던 시절이 있었고, 한약 등으로 스테로이드가 남용되던 옛날에는 고관절 무혈성 괴사로 고관절 분야에 환자가 많았던 시절이 있었습니다. 이처럼 정형외과는 당대 사회상을 반영하거나 함께 발전해오고 있습니다.

요즘 많은 환자들이 간과하는 병이 골다공증입니다. 60대 여성 30%, 70대 여성 60%에서 흔히 발견되는데, 사망률까지 높이는 무서운 병입니다. 골다공증이 있으면 무릎이나 허리가 아플 거라고 생각하지만 골다공증은 특별한 증상이 없습니다. 골다공증은 나이가 들면서 뼈가 약해져 잘 부러질 수 있는 상태를 뜻합니다. 증상이 없기 때문에 많은 환자들이 골다공증이 있는지도 모르고, 심지어 진단을 받은 후에도 귀찮아서 치료 받으러 병원에 오지 않습니다. 그러다가 허리나 고관절 뼈가 부러져서야 병원에 실려 오지요. 이 조용하지만 무서운 병에 대해 더 자세히 알고자 하면 《매력적인 뼈 여행》의 chapter 10 〈어른〉에서 '뼈는 왜 약해질까?'를 읽어보세요.

저는 정형외과 레지던트를 마치고 척추, 관절을 복수 전공으로 진료 및 수술을 하고 있습니다. 저자 슈테켈이 미국 피츠버그대학의 프레디 푸에게 배웠다고 할 때 약간 놀랐습니다. 저도 피츠버그를 방문하여 프레디 푸의 수술을 참관한 적이 있어 무척 반가웠습니다. 독일은 미국과 함께 의학이 매우 발달한 나라입니다. 독일 자동차 회사들이 기술력으로 유명하듯이 의료기기 회사 또한 기술력이 뛰어난 강소 회사들이 많습니다. 미국은 거대 자본과 기술력으로 세계 일류의 의료 회사들이 즐비하고, 독일은 작은 중소기업이지만 기술력이 뛰어난 장인들이 모여서 의사들에게 멋진 장비를 제공하는 회사들이 많습니다. 합리적이고 냉철한, 그리고 근면한 독일 국민들을 독일 의사가 어떻게 치료하는지 재미있게 읽어나갔고 한국 정형외과 질환에 똑같이 적용할 수 있어서 흥미로웠습니다.

정형외과 의사로서 내친김에 정형외과 자랑을 해보겠습니다. 저를 비롯해 정형외과 의사들의 직업만족도가 높은 편인데요. 여러 이유가 있지만 첫 번째로 환자들 대부분이 정신적으로 건강합니다. 정형외과적 치료 및 수술을 하고 회복하면 환자들은 정상인이 됩니다. 두 번째로, 정형외과의 다양한 세부 전공을 들 수 있습니다. 의사 자신의 성격에 맞춰 세부 전공을 정할 수 있습니다. 큰 수술을 좋아하면 고관절이나 골절을 전공으로, 수술 후 감염에 대한 스트레스가 싫다면 어깨나 무릎 관절경을 전공으로, 세심한 수술을 좋아한다면 손을 전공으로 할 수 있습니다. 이렇게 선택의 폭이 다양하다는 것은 우리 몸에 다채로운 관절이 있기 때문이고, 정형외과 의사들은 이에 감사합니다.

《매력적인 뼈 여행》은 정형외과 입문서입니다. 누군가는 정형외과 질환을 앓고 있어서, 혹은 병이 생기기 전에 예방하기 위해서, 아니면 단순히 정형외과라는 학문에 관심이 있어서 이 책을 집어 들었을 겁니다. 정형외과 질환의 대부분은 내 몸을 잘 살피고 증상에 따라 병원의 도움을 받으면 쉽게 나을 수 있습니다. 통증은 우리 몸이 보내는 SOS입니다. 잘못된 자세, 무리한 사용, 나이 듦에 대한 우리 몸의 외침이기 때문에 '주의'를 기울이고 귀를 기울여야 합니다. 우리 몸은 기계와 같습니다. 시간이 지날수록 닳고 망가집니다. 험하게 쓰면 더 빨리 못쓰게 되겠지요. 휴대폰은 오래되면 바꾸면 그만이지만 우리 몸은 그렇지 않습니다. 진심으로 아끼고 관리를 잘해줘야 합니다. 좋은 소식은, 많은 정형외과 질환이 적절한 운동으로 예방하거나 치료할 수 있다는 것입니다. "어쨌거나 움직여라"라는 저자의 말을 새겨들어야겠습니다.

은상수(우리들병원 진료원장)

오! 뼈, 뼈, 뼈

〈세서미 스트리트〉에서 카운트 백작이 부른 '뼈 노래'의 가사에 저절로 고개가 끄덕여진다. 뼈들은 정말로 매력적이다. 아무리 작은 뼈라도 저마다 쓰임새가 있다. 뼈는 근육, 인대, 연골, 관절과 함께 인간의 운동계를 구성한다. 자연과 진화가 이뤄낸 가장 매력적인 구조물이다! 운동계는 글자 그대로 우리의 걸음걸음에 늘 함께한다. 유년기에서 청소년기와 성인기를 넘어 고령에 이르기까지, 각각의 뼈들은 우리와 각별한 관계를 맺고 고유한 역사를 쓴다. 그러나 뼈들이 멀쩡하게 제 기능을 하는 한, 어느 누구도 이런 매력적인 기적의 걸작에 특별히 관심을 갖지 않는다. 우리는 운동계가 가진 매력보다는 운동계에 생길 수 있는 문제들을 먼저 떠올린다. 성장기의 불안정한 발, 청소년기의 골절, 스키를 타다 끊어진 인대, 무리한 업무로 얻은 허리통증, 할머니의 대퇴골 골절 같은 것들 말이다.

무탈하게 잘 사는 좋은 시절에는 이 매력적인 구조에 거의 관심이 없다. 관심커녕 오히려 때때로 들리는 몸의 호소를 완전히 무시하며 지낸다. 결국 몸이 레드카드를 내밀면 그제야 깜짝 놀란다. 운동계처럼 아주 복합적인 구조물은 아주 작은 곳의 사소한 고장에도 전체가 멈춰버릴 수 있다.

우리는 대략 200개의 뼈와 600개의 근육, 100개가 넘는 관절 덕분에 자유롭게 이동할 수 있고 다른 어떤 생명체보다 완벽하게 움직일 수 있다. 물론 개별 영역에서 우리보다 훨씬 우월한 동물이 있을 수 있다. 예를 들어, 손톱만 한 바퀴벌레는 몸을 극단적으로 변형시켜 아주 비좁은 문틈을 통과할 수 있다. 그렇더라도 3연속 백덤블링을 할 수 있는 동물은 우리 인간뿐이다. 고양이는 우아하게 나무 위로 풀쩍 뛰어오를 수 있지만, 강을 헤엄쳐 건너지는 못한다. 그리고 어떤 동물이 인간처럼 손으로 사물을 잡고 더 나아가 손가락과 팔로 미세한 동작을 해낸단 말인가! 어떤 동물이 랑랑 Lang Lang (중국의 유명 피아니스트)처럼 피아노를 연주하고, 마티아스 슈타이너 Matthias Steiner (역도 선수)처럼 무거운 역기를 들 수 있는가? 어떤 동물이 우사인 볼트 Usain Bolt 처럼 빠르게 달리고, 세계기록을 스물여섯 번이나 세운 에티오피아 육상선수 하일레 게브르셀라시에 Haile Gebrselassie 처럼 오래 달리는가? 잘 고안된 운동계 덕분에 오직 인간만이 이 모든 다양한 능력을 발휘할 수 있다.

운동계는 우리의 자세를 담당하고, 주변 사람의 눈에 보이는 외관을 책임지고, 또한 마음 상태도 거울처럼 비춰준다. 일상 언어에도 포함되어 있다. 우리는 '고개를 똑바로 들다', '어깨가 넓다', '어깨를 두드리다' 같은 표현을 쓴다. 또한 누군가에게 이렇게 요구한다. "축 처져 있지 말고 어깨에 힘 줘!" 우리는 축 처진 어깨와 구부정한 등을 우울한 상태로 해석한다. 신화에도 운동계 덕분에 명성을 얻은 영웅이 등장한다. 아틀라스는 하늘을 등에 짊어지고, 아킬레스는 저승의 강인 스틱스 물에 몸을 담근 뒤로, 뒤꿈치를 제외한 그 어떤 신체도 결코 해칠 수 없는 무적의 전사로 변한다.

운동계는 다른 신체기관과 마찬가지로 우리의 일상생활에 영향을 미친다. 딱딱해서 죽어 있는 것 같지만, 사실 운동계는 살아 있다. 운동계는 유동적이다. 만물은 유전한다는 철학법칙도 있지 않던가! 운동계는 건축물처럼 지어지고 허물어진다. 골격은 물론, 근육도 그러하다. 이런 걸작의 기능을 죽을 때까지 오래도록 잘 유지하기란 쉽지 않다. 독일에서 모든 질병의 약 25퍼센트가 근육과 골격 문제라는 사실에서 벌써 그 어려움을 짐작할 수 있다. 독일 직장인이 2013년에 허리통증 때문에 낸 병가 일수만 따져도 4000만 일이나 된다. 독일 직장인이 대략 4400만 명이므로, 1년에 4000만 일은 대단히 높은 수치다. '세계질병부담 연구Global Burden of Disease Study'에 따르면, 허리통증은 전 세계적으로 가장 많이 앓는 질병에 속한다. 발병 빈도로 보면, 무릎통증은 허리통증의 동생쯤 된다. 다른 어떤 질병도 이렇게 높은 수치를 보이지 않는다. 그러나 좋은 소식이 있다! 운동계 질병만큼 예방 효과가 좋은 질병도 없다. 좀 더 구체적으로 표현하면, 자신의 몸에 주의를 기울이고, 관리하고, 자동차를 점검하듯 자신의 몸을 정기적으로 점검하는 사람은 오래도록 건강한 몸을 누릴 수 있다.

더 좋은 소식도 있다! 운동계를 건강하게 유지하기 위해 혹독하게 몸을 단련하지 않아도 된다는 것이다. 정기적으로 약간의 스포츠와 운동을 하고 몸에 좋은 음식을 먹으면 된다. 그거면 충분하다. 아주 작은 노력으로 아주 많은 것을 얻을 수 있다. 그것을 위해 '피트니스 트래커Fitness Tracker'라는 최신 기기를 몸에 지니고 다니며 당신의 몸에 관한 온갖 것을 다 측정할 필요도 없다. 중요한 것은 '주의'다. 자신의 몸에 주의를 기울이고 조심히 다루면 된다. 헬스클럽에서 아픈 어깨를 계속 괴롭히기보다 이따금 2주 정도 휴가를 내 해변에서 피나 콜라다를 마시며 느긋하게 쉬는 편이 더 낫다. 당신이 스스로 자신의 체력 코치가 되어 몸이 보내는 신호에 주의를 기울인다면, 우리 정형외과 의사들은 완전히 망가진 당신의 몸을 즉시 수술하는 일 없이, 전문 의학지식을 가지고 당신과 동행할 수 있다. 이런 동행은 출생 직후의 신생아 골반 점검에서 출발하여 성장기를 지나 성인기와 노년기로 이어진다. 'Orthopädie(정형외과)'라는 개념은 고대 그리스어에서 유래했는데, 정립正立이라는 뜻의 'orthos'와 아이를 뜻하는 'paidos'가 합쳐진 낱말로, 그대로 번역하면 '똑바로 선 아이'라는 뜻이다. 히포크라테스Hippokrates(BC 460~BC 370) 시대에 이미 의사들이 뒤틀린 뼈와 관절을 치료했다는 기록이 있다. 그러나 정형외과 개념과 그와 관련된 치료법은 1741년에야 비로소 널리 퍼졌다. 당시 프랑스 소아과 의사 니콜라스 앤드리 Nicolas Andry 가 《정형외과: 아동의 신체 기형을 예방하고 개선하는 기술 L'orthopédie, ou, l'art de prévenir et de corriger dans les enfans, les difformités du corps》이라는 책을 냈는데, 거기에서 그는 정형외과 의사를, 어린 나무를 곧은 기둥에 묶어 똑바로 자라도록 유도하는 정원사에 비유했다. 그가 그린 묘목 그림이 오늘날까지 정형외과의 상징으로 사용된다.

묘목이 곧게 자라도록 곧은 기둥에 밧줄로 묶는 것처럼,
정형외과에서 정기적으로 검진을 받으면
운동계의 기능을 건강하게 유지할 수 있다.

모든 의학 분야와 마찬가지로 정형외과도 엄청난 발전을 거듭했다. 우리 정형외과 의사들은 보존적 치료법 혹은 수술법으로 갓난아기에서 노인까지 치료한다. 또한 응급의학과 의사로서 부러진 뼈와 부상을 치료한다. 십자인대를 재건하고 새로운 관절을 이식한다. 우리는 은행 강도가 부러워할 만한 기구들을 사용한다. 망치, 톱, 끌, 드릴 등. 그러나 우리는 또한 생물학적 성장인자를 다루고, 연골을 배양하고, 줄기세포를 이용한다. 우리는 손으로 만져보고, 환자가 어떻게 옷을 벗고 몸을 움직이는지를 관찰한다. 관찰과 촉진만으로도 꽤 많은 것을 알아낼 수 있다. 내가 일했던 첫 번째 병원에서 수석의사는 우리 신참 의사들에게 재빠르게 관찰하고 증상을 문진한 후에 반드시 예상 병명을 종이에 기록하라고 시켰다. 나중에 확정 진단이 나왔을 때 비교해보면, 놀랍게도 우리의 예상 진단은 자주 적중했다. 수석의사는 이런 방식으로 환자를 주의 깊게 살피고 그들의 말을 경청하는 것이 얼마나 중요한지 우리에게 알려주고자 했던 것 같다. 대개의 경우 초음파, 엑스레이$^{X-ray}$, 자기공명영상^{MRI} 같은 기술은 부속물에 불과하다.

　정형외과 의사들은 골절 같은 급작스러운 사고뿐 아니라, 운동계에 새겨진 세월의 흔적도 치료한다. 또한 우리가 몸에게 저지른 죄의 결과도 치료한다. 정형외과 의사는 류머티스성 관절염이나 건선성 관절염 같은 류머티즘뿐 아니라 뒤틀림과 마모를 치료하는데, 이것은 내과나 피부과와 약간씩 겹친다. 또한 임산부의 허리통증이나 이른바 벌어진 치골결합은 산부인과와 협진하여 치료한다. 연골로 이루어진 치골결합부는 임신 중에 늘어나고 자극을 받아 불편한 통증을 유발할 수 있다.

정형외과 의사는 또한 호르몬 수치 저하로 골다공증이 생기고 근육이 줄고 지방량이 증가하여 신체 변화가 시작되는 갱년기와 폐경기도 다룬다. 그리고 운동계와 연관된 통증을 치료한다. 통증 없이 살던 시절이 언제였는지 이제는 생각조차 안 난다고 호소하는 환자들이 많은데, 통증은 신체적 안녕과 삶의 질을 제한할 뿐 아니라, 정신 건강에도 부정적인 영향을 미친다. 독일인의 80퍼센트가 허리통증을 앓고, 13퍼센트가 심한 만성 척추질환에 시달린다. 그러므로 전체적으로 본다면, 정형외과 의사는 환자의 삶의 질을 명확히 개선할 수 있다. 앞으로 읽게 되듯이, '척추'라고 다 똑같은 '척추'가 아니다. 신경 압박이 항상 실질적인 질병인 건 아니다. 그리고 무조건 수술을 해야 하는 것도 아니다. 작업 환경을 아주 조금만 바꿔도 통증을 줄일 수 있다.

정형외과에서 할 수 있는 일은 우리의 운동계만큼이나 다양하다. 나는 대략 여섯 살 때, 커다란 무늬의 화사한 벽지와 천장까지 닿는 거실장 앞에 놓인 다홍색 소파에 앉아 〈세서미 스트리트〉를 본 이후로 지금까지 뼈의 매력에서 헤어 나오지 못하고 있다. 당시 나는, 카운트 백작이 검은 양복에 검은 망토를 두르고 자신의 성에서 박쥐 떼에 둘러싸여 '뼈 노래'를 부르기를 조바심 내며 기다렸었다. 실생활에서도 아주 일찍부터 정형외과와 관련이 있었다. 나는 1972년생이다. 그래서 어린 나이에 이른바 평발을 치료하려고 발가락으로 구슬을 집어 유리항아리에 담아야만 했던 세대에 속한다. 우리 세대의 어머니들은 음식이 냉장고에서 얼거나 옷에 좀이 스는 것만큼 평발을 걱정했고, 그것을 막기 위해 지칠 줄 모르고 싸웠다. 나의 어머니는 아들이 그런 발로는 영원히 정상적으로 걷지 못할 거라 믿었던 것 같다. 다행히 오늘날에는 이런 잘못된 믿음이 극복되었다. 그러나 이런 오해들이 평발에만 있었던 건 아니다. 이것에 대해서도 나중에 읽게 될 것이다.

청소년 시절에는 스포츠 때문에 정형외과 의사들을 자주 만났다. 그래서인지 정형외과가 친숙하게 느껴졌고, 9학년 의무 과정인 직업 체험 실습을 나는 정형외과에서 했다. 내가 환자로서 그리고 체험 실습생으로서 만난 정형외과 의사의 열정이 어찌나 뜨거웠던지, 그 열기가 나에게까지 옮겨졌다. 그 후로 나는 운동계의 매력에서 헤어 나오지 못했다. 정형외과 의사가 설명하는 수술 과정은 마치 예술가가 자신의 걸작을 소개하는 것처럼 느껴졌다. 나는 몇 년 뒤에 피츠버그에서도 비슷한 일을 경험했다. 그곳에는 어떤 할리우드 영화감독도 더 멋진 이름을 생각해낼 수 없을 것 같은 이름을 가진, 홍콩 출신의 정형외과 의사가 있었다. 나는 교환프로그램 덕분에 그 사람 밑에서 1년간 배울 수 있었다. 그의 이름은 프레디 푸Freddie Fu였다. 나는 그처럼 카리스마 넘치는 의사를 본 적이 없었다. 푸 박사는 응급구조 현장에서 깁스 반죽을 만드는 섬세한 의사가 아니라, 곧장 달려들어 움켜잡을 수 있는 거친 의사를 원했다. 그의 수술은 팝 콘서트를 연상케 했다. 모든 것이 완벽하게 구성되어, 발걸음 하나 손동작 하나 버릴 것이 없었다. 푸 박사의 수술이 훌륭한 비결은 그가 이름 붙인 '원 스텝 수술'에 있었다. 쓸데없는 발걸음을 단 하나도 허락하지 않는 완벽한 짜임새로, 모든 과정이 고성능 사이클 기어처럼 말끔하고 깔끔하게 연결되었다. 그저 우연일 수도 있겠지만, 나는 '자전거 타기' 처방을 내리는 정형외과 의사들을 정말로 평균 이상으로 많이 안다. 피츠버그에서도 많은 동료가 아침 6시 회의 전에 벌써 자전거로 아침 운동을 했다. 아무튼 정형외과 의사 대부분은, 우리의 다리가 괜히 '운동계'라고 불리는 게 아님을 잘 알고 있었다. 우리가 운동계를 움직이게 하지 않으면, 운동계도 우리를 움직이게 하지 않는다. 운동계는 게으르고 나태해지고 서서히 매력적인 능력을 잃는다. 나는 병원에서 매일 그 결과를 본다. 그렇기 때문에 이 책에서 나의 관심사는 오로지 몸을 살피는 당신의 눈을 밝게 하는 것이다. 정형외과는 후딱 해치우듯 들르는 곳이 아니고, 어딘가 문제가 생겼을 때 비로소 찾는 곳도 아니다. 정형외과는 일상이다!

이 책에서 나는 뼈, 인대, 근육으로 구성된 운동계가 기능하는 방식을 설명하고, 병원에서 실제 겪은 사례들을 통해 가장 빈번한 정형외과 문제와 질병을 설명하고 치료적 조언을 주고자 한다. 이때 우리가 몸으로 할 수 있는 것만큼이나 주제의 폭도 아주 다양하다. 뼈에 관한 기초 지식 외에 특별한 질병들도 다룬다. 아울러 많은 이들이 궁금해하는 일반적인 물음에 대한 답도 들려준다. 병원에서 환자들에게 혹은 파티든 어디든 상관없이 내 직업이 밝혀지는 순간 나는 온갖 질문을 받는다. 예를 들어 인공고관절을 가진 사람의 섹스, 손상된 어깨와 처진 유방을 가진 보디빌더, 인터넷 의학 정보로 무장한 구글박사 같은 환자, 번아웃과 허리통증의 연관성 등등. 더불어 바른 운동, 올바른 식습관, 건강하고 좋은 삶을 위한 마스터플랜에 대해서도 질문을 받는다. 당신에게 딱 맞는 대답을 여기에 적을 수는 없겠지만, 도움이 될 만한 열쇠를 이 책에서 찾아낼 수 있기를 바란다. 무엇보다 가장 바라는 점은 당신이 이 책을 통해 당신의 운동계가 얼마나 대단한지 감탄하는 것이다.

어쩌면 감탄이야말로 몸에 주의를 기울이는 가장 중요한 첫걸음일지 모른다!

차 례

PART V 가장 흔한 질병 - 진단과 치료법

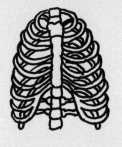

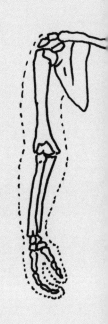

PART

I

뼈, 관절, 연골
-운동계의 수동적 부위-

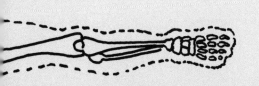

1991년에 나는 킬대학에서 의학 공부를 시작했다. 그때 이미 정형외과전문의가 되기로 결심했고, 그보다 더 나은 결정은 없는 것 같았다. 당시 운동계 해부학 교재는 '라우버-콥시Rauber-Kopsch'라는 거창한 이름을[독일 해부학자 아우구스트 라우버August Rauber(1841~1917)와 프리드리히 콥시Friedrich Kopsch(1836~1921)의 이름을 딴 것이다 - 옮긴이] 가지고 있었는데 킬에서 성장했고 킬대학 해부학연구소장이었던 이른바 운동계의 신, 베른하르트 틸만Bernhard Tilmann 교수가 엮은 책이었다. 우리는 밤마다 이 책을 베고 잠이 들었다. 킬대학에서 운동계 해부학 수업은 인기가 높았고, 교재에는 정형외과와 생물역학의 최신 사례가 수록되어 있었다. 나는 이 수업을 영화를 보듯이 즐겼고, 애거사 크리스티의 추리소설을 읽듯이 《라우버-콥시》를 몰입해서 읽었다. 이 표준 의학서는 지금도 내 책상에 손만 뻗으면 닿을 거리에 놓여 있다.

해부학 수업의 커리큘럼에 따라 학생들은 교수들과 함께 킬 예술박물관의 고대유물을 관람했고, 〈크니도스의 아프로디테〉와 〈폴리클레이토스의 창을 잡은 남자〉를 보며 여성의 골반과 남성의 몸통에 대해 배웠다. 우리는 그런 식으로 중요한 정보를 얻었을 뿐 아니라, 인간의 운동계를 연구하고 싶은 욕구를 키웠다. 피부에 가려진 우리의 독특한 골격이 없으면, 관절이 없으면, 근육이 없으면, 그런 인상 깊은 조각상들도 존재할 수 없었으리라. '우리' 역시 존재할 수 없었으리라. 그러니 함께 여행을 떠나 운동계가 무엇으로 구성되었고 어떻게 협력하는지 알아보자.

해부학 수업을 들으러 갈 때는 언제나
《라우버-콥시》를 챙겼다.

뼈 - 우리 몸의 기둥

뼈는 운동계를 구성하는 중대한 요소다. 뼈는 우리 몸의 골격을 구성하여, 건물을 지탱하는 기둥 같은 역할을 한다. 태아의 골격은 아직 연골 형태로 머문다. 태어난 후 시간이 지남에 따라 연골이 서서히 단단해져서 최종적으로 단단한 뼈가 된다. 이 과정은 대략 20세에 비로소 마무리된다. 그때까지 뼈들은 계속 자라고, 그 과정에서 연골이 서로 합쳐진다. 그래서 유아들의 뼈는 300개가 넘지만, 어른의 골격은 헤아리는 방식에 따라 조금씩 다른데 대략 200개로 구성된다.

200개면 매우 많은 수여서 골격이 체중에 막대한 비중을 차지하리라 생각할 수 있겠지만, 실상 뼈 무게는 전체 체중의 10~15퍼센트에 지나지 않는다. 그 까닭은 우리의 골격이 아주 다양한 뼈로 구성되었기 때문이다. 우리는 여러 종류의 뼈를 갖고 있다. 긴뼈, 납작뼈,

짧은뼈, 공기뼈, 그리고 이 범주에 넣을 수 없는 불규칙뼈.

신체 부위의 기능에 따라 각각 다른 뼈들이 있다. 골수가 채워져 있는 긴뼈는 사지에만 있다. 팔과 다리에는 아주 긴뼈가 있고, 손과 발에는 그보다 더 짧은뼈가 있다. 갈비뼈는 피질골(골간 주위의 단단하고 두꺼운 골질 – 옮긴이)로 구성된 납작뼈이고, 머리뼈와 어깨뼈, 골반, 가슴뼈 역시 납작뼈로 구성된다. 납작뼈는 형태와 구조를 통해 내부 장기를 보호할 뿐 아니라, 더 큰 근육들의 토대가 되어준다. 공기뼈는 공기로

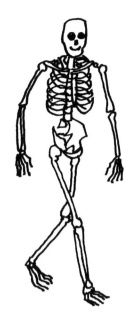

우리의 골격은 대략
200개의 뼈로 구성된다.

채워져 아주 가볍고, 점막으로 덮여 있는 빈 공간이 있다. 새들의 골격은 대부분 이런 '속이 빈' 공기뼈로 구성되었고, 그 장점에 관해서는 굳이 말할 필요가 없으리라. 인간은 이런 뼈들이 특히 머리뼈 부위에 있다. 이마뼈, 관자놀이뼈, 비강 끝에 있는 벌집뼈, 그리고 위턱뼈는 속이 비어 있다. 비강과 중이中耳 부위에 자리한 공기뼈는 압력 변동 시 균형을 맞출 수 있게 해준다.

이미 알고 있듯이, 그 어떤 뼈도 제멋대로 만들어지지 않았다. 모든 뼈는 한마디로 '형태는 기능을 따른다Form Follows Function'라는 현대건축의 심오한 원리를 따른다. 우리의 팔다리가 왜 긴뼈로 이루어졌는

지 충분히 이해할 수 있다. 긴뼈는 보행 때 최적의 지렛대 효과를 낸다. 반면 척추가 그런 긴뼈라면, 완전히 비효율적이다. 그랬더라면, 우리는 등을 굽히거나 옆으로 구부릴 수 없을 테고, 담을 뛰어넘을 때도 아무런 완충작용 없이 바닥에 착지해야 할 터이다. 척추뼈들 사이에 있는 추간판들이 완충작용을 하는데, 그것은 불규칙뼈로 분류된다.

우리 몸에서 기둥 역할을 하는 뼈는 운동계의 수동적인 부위로서, 능동적인 부위인 근육이 없으면 움직일 수 없다. 그러나 그렇다고 뼈에 생명이 없다는 뜻은 아니다. 많은 이들이 '뼈'라고 하면 대략 해골 비슷한 시체의 뼈, 어쩌면 학창 시절 생물시간에 봤었고 종종 '휴고 Hugo'라 불리던 골격 형상을 떠올린다. 그러나 우리의 뼈들은 가해지는 부담에 따라 건축물처럼 지어지기도 하고 허물어질 수도 있는 살아 있는 구조물이다. 뼈들은 피를 흘리고 아파하고 괴사될 수 있다. 뼈들은 우리 몸을 지탱하고 방패처럼 뇌, 척추, 심장, 폐를 보호하고 칼슘과 인산염을 저장하고 혈액을 만든다. 부러진 뼈는 스스로 다시 붙는다. 이런 식의 자기 치료 시스템은 뼈에만 있는 유일한 특징이고, 그것은 오로지 뼈가 살아 있기에 가능하다. 다음의 비유를 생각해보면, 뼈의 자기 치료 능력이 얼마나 대단한지 짐작할 수 있다. 범퍼가 찌그러진 차를 저녁에 차고에 주차하고, 다음 날 아침에 가보니 찌그러진 부위가 마법처럼 말끔해져 있다고 상상해보라!

당연히 뼈가 그렇게나 빨리, 즉 하룻밤 사이에 다시 붙지는 않지만, 이런 놀라운 능력을 발휘할 수 있다. 뼈가 부러지면 부러진 부위에 젤리 같은 덩어리가 형성되면서 멍이 생긴다. 그것은 성장인자를 활성화하는 건강한 염증으로 이어지는데, 젤리가 먼저 결합조직으로, 그다음에 섬유질 연골로, 마지막으로 뼈가 된다. 이런 자기 치료를 기대할 수 없을 때는 우리의 몸을 부품창고처럼 사용하면 된다. 정형외과 의사는 수술을 통해 환자의 골반 가장자리 뼈 혹은 종아리 뼈 일부를 떼어내서 뼈가 없는 다른 부위에 이식한다. 그러면 우리의 몸은 이식한 뼈 조각을 다른 뼈와 붙여 수리한다. 암 진단을 받은 뒤 위팔뼈(상완골) 대부분을 제거해야 했던 환자가 있었다. 나는 일종의 강철 틀을 설치하고 골반에서 떼어낸 뼈를 그 자리에 이식했다. 오랜 시간이 지나 강철 틀을 제거하자 그 아래에 아름다운 뼈가 자라나 있었다.

뼈는 결코 죽은 물질이 아니다. 뼈는 살아 있다.
뼈는 지어지고 허물어질 수 있으며, 다치면 스스로 치료한다.

뼈조직은 살아 있는 골세포(뼈세포), 염분, 섬유소로 구성되었다. 염분과 섬유소가 서로 협력하는 것은 철근 콘크리트의 작동 원리와 유사하다. 콘크리트가 압축 강도를 책임지는 동안, 철근은 접착성을 담당한다. 뼈도 이와 비슷하다. 뼈는 칼슘인산염과 결합조직인 콜라겐섬유소를 이용해 기발한 방식으로 단단함과 유연함을 통합한다. 노년의 골다공증처럼 이런 염분이 없으면 뼈가 약해지고 쉽게 부러진다. 의대생 시절 해부학 수업에서 인위적으로 석회를 제거한 뼈는 언제나 최고의 인기였고, 학생들은 그 주변을 둘러싼 채 저마다 손으로 만져보려 했다. 단단한 척추를 가진 '휴고'와 달리, 석회가 제거된 뼈는 아주 부드럽고 자전거 타이어처럼 맘대로 구부러졌다.

뼈에 단단함과 유연함이 없으면 어떻게 될까? 골형성부전증이라 불리는, 이른바 '유리뼈 병'이 이를 잘 보여준다. 이 병은 콜라겐대사의 유전적 결함 때문에 생긴다. 콜라겐은 모든 조직의 기본 요소로서, 뼈조직을 단단하게 지탱하고 결합조직을 유연하게 한다. 콜라겐이 너무 적게 생산되거나 질 나쁜 콜라겐이 생산되면 결합조직인 콜라겐섬유가 변이한다. 그 결과로 뼈가 쉽게 부러지고, 그렇기 때문에 이 병에 걸린 사람은 살면서 여러 차례 골절을 겪고 척추가 심하게 뒤틀릴 수 있다. 심하면 프랑스 재즈피아니스트 미셸 페트루치아니 Michel Petrucciani처럼 이런 뒤틀림이 태아 때부터 시작될 수 있다. 그렇다 해도 이 왜소한 남자는 수많은 수상 경력을 자랑하며 피아노 앞에서는 거장이었다.

그러나 나이와 유전적 결함은 뼈가 변할 수 있는 수많은 이유 중 두 가지에 불과하다. 뼈는 언제든지 지어지거나 허물어질 수 있다. 가장 이상적인 경우는 일정한 상태를 유지하는 것이다. 예를 들어 다리에 깁스를 해서 혹은 환자가 오랜 시간 병상에 누워 있어야 하기 때문에 뼈가 아무 일도 하지 않고 쉴 수밖에 없다면, 뼈는 금세 허물어지고 견고성을 잃는다. 그런 다음 깁스를 풀어서 혹은 병을 이겨내고 병상에서 일어나 활동이 다시 많아지면, 뼈는 금세 다시 지어지기 시작한다. 달리 표현하면, 골격은 업무량에 자기를 맞춘다. 일을 많이 시키면 골밀도가 올라간다. 골다공증 치료에서 적당한 강도의 운동이 주요 처방인 이유다. 그리고 일반적으로 운동은 뼈 질환에서 가장 중요한 예방책으로 통한다. 근육만 운동의 덕을 보는 것이 아니다. 운동은 우리의 골격에도 이롭다!

조금 더 자세히 뼈의 매력적인 내부를 살펴보자. 뼈를 가로로 절단하면, 나무의 단면처럼 다양한 층이 보인다. 우리의 뼈는 안과 밖이 각각 골막으로 덮여 있다. 바깥 골막은 결합조직으로 이루어져 있고 수많은 혈관과 신경을 포함한다. 이것은 뼈에 양분을 공급하고, 부러진 뼈를 치료하며, 정강이를 차여본 사람이라면 모두가 알고 있듯이 통증에 매우 민감하다. 양분을 공급하는 혈관들이 뼈에 있는 작은 틈을 통해 뼛속으로 입장한다. 뼈와 골막에서 혈액이 늘 순환하기 때문에 뼈가 부러지면 언제나 막대한 출혈이 있다.

가장 바깥의 아주 딱딱한 층은 나무의 두꺼운 껍질과 유사하다. 그것은 겉질뼈 혹은 피질골이라 불리는데, 라틴어 개념인 'cortex' 역시 '겉껍질'이라는 뜻이다. 피질골은 치밀조직이고, 복잡하게 얽혀 있는 콜라겐섬유로 구성된다.

뼈의 가운데 부분에는 해면골이라 불리는 스펀지처럼 생긴 구조가 있다. 이런 스펀지 뼈에는 속이 빈 작은 기둥들이 있는데, 혈액 생산을 책임지는 골수가 그 안에 들어 있다. 여기서도 '형태는 기능을 따른다' 원칙이 적용된다. 해면골은 정밀하게 배치된 작은 섬유기둥(섬유주)들로 구성되어 있고, 이런 스펀지 기둥들은 압축력(누르는 힘) 혹은 인장력(당기는 힘)을 흡수한다. 그래서 이런 섬유기둥을 압축기둥 혹은 인장기둥이라 부르기도 한다.

이 섬유기둥의 건축술이 얼마나 훌륭한지는, 관상골(관 모양의 뼈)의 예에서 확인할 수 있다. 우리의 팔다리뼈는 겉에서 보면 파이프처럼 생겼다. 그러나 내부 건축 방식은 고딕양식 성당의 둥근 천장을 닮았다. 작은 섬유주의 독창적인 건축술은 대단히 견고할 뿐 아니라 경량 건축 공법을 따르기 때문에 매우 경제적이다.

· 피질골과 해면골 ·

동심원 모양의 콜라겐섬유로 이루어진 피질골과
스펀지 기둥처럼 생긴 해면골이 잘 보인다.

· 대퇴골의 횡단면 ·

압축기둥과 인장기둥이 보인다. 건축학적으로 견고한 구조로서,
옆에 있는 고딕양식의 아치형 창문과 비슷하게 생겼다.

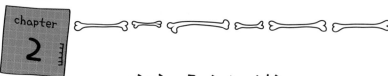

관절 – 골격의 경첩

운동계는 대략 200개의 뼈 외에 대략 100개의 관절로 구성되어 유연한 움직임이 가능하다. 손가락뼈에 관절이 없으면 우리는 아무것도 잡지 못하고 피아노 연주도 할 수 없고 연필도 쥘 수 없을 것이다. 손만 보더라도, 뼈들을 경첩처럼 결합하는 관절이 40개나 있다. 무릎 관절이 없으면 다리를 구부리거나 뻗을 수 없고, 고관절이 없으면 앉지 못하고, 어깨관절이 없으면 팔을 올리지 못하고……

다양한 뼈들의 여러 가지 기능에 맞게 우리 몸은 다양한 관절을 갖추고 있다. 일반적으로 관절은 연골로 덮여 있는 관절체(골두와 오목면)와 관절낭으로 이루어져 있다. 혈관과 신경으로 덮여 있는 관절낭은 관절액 생산을 담당한다. 또한 관절액으로 가득 찬 관절낭이 골두와 오목면 사이를 벌려주기 때문에, 움직일 때마다 두 뼈가 직접 닿지 않고 원활히 미끄러진다. 비유적으로 표현해서 이런 '윤활액'이 없으면, 우리는 움직일 때마다 기름칠이 안 된 낡은 문처럼 삐걱댈 것이다. 그리고 관절낭에 들어 있는 수많은 신경 때문에 움직일 때마다 불편한 통증을 느낄 것이다. 히알루론산으로 이루어진, 젤리 형태의 관절액이 있어야 관절이 마찰 없이 부드럽게 움직일 수 있다.

관절의 임무는 다양하다. 관절의 임무는 소속된 뼈에 좌우된다. 그리고 관절은 동작을 수행하는 근육과 인대의 지시를 따른다. 관절마다 할 수 있는 동작이 각각 다르다. 관절은 가동성, 그러니까 얼마나 다양한 방향으로 움직일 수 있느냐에 따라 분류된다. 최대 세 가지 방향이 있는데, 공간이 3차원이기 때문이다.

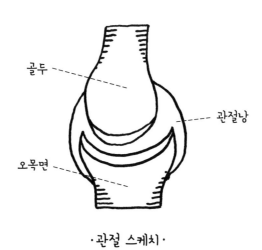

골두

관절낭

오목면

· 관절 스케치 ·
관절낭이 골두(위)와 오목면(아래)을 감싸고 있다.

정형외과에서는 관절의 가동범위를 측정할 때 '관절 가동범위 운동법'을 사용하는데, 이것은 몸체의 두 위치를 숫자 세 개로 구성된 코드로 기술한다. 설명이 너무 추상적인가? 사실 원리는 아주 단순하다. 예를 들어, 손목관절의 가동범위를 측정한다고 가정해보자. 편안한 자세로 팔과 손을 아래로 늘어뜨린다. 이때 손을 손등 쪽으로 50도, 손바닥 쪽으로 60도 정도 젖히거나 굽힐 수 있으면, 손목관절 가동범위의 코드는 50-0-60이다. 엄지손가락 쪽으로 30도, 새끼손가락 쪽으로 40도를 기울일 수 있으면, 코드는 30-0-40이 된다. 이렇듯 손목관절은 상/하 그리고 좌/우 두 방향으로 움직일 수 있으므로, 손목관절에는 두 가지 가동성이 있는 것이다.

우리 몸의 관절은 가동성에 따라 총 여섯 가지로 분류된다.

- **절구관절**은 세 가지 가동성을 모두 갖는다. 어깨관절과 고관절 그리고 엄지손가락을 제외한 네 손가락의 첫째 관절이 절구관절이다. 절구관절은 굽히기와 펴기, 기울이기, 회전하기가 가능하다.
- 반면 **경첩관절**은 굽히기와 펴기만 할 수 있다. 즉 한 가지 가동성만 갖는다. 팔꿈치관절과 손가락의 둘째, 셋째 관절이 경첩관절이다.
- 앞에서 예로 들었던, 두 가지 가동성을 갖는 손목관절은 **타원관절**로서 상하로 굽히고 펼 수 있고 좌우로 기울일 수 있다. 머리

· 여섯 가지 관절 ·

절구관절

경첩관절

타원관절

중쇠관절

안장관절

평면관절

뼈와 1번 경추 사이에 있는 관절 역시 타원관절이다.

- 무릎에는 축이 두 개인 이축성 **중쇠관절**이 있다. 우리는 이 관절을 구부리고 펼 수 있고, 구부린 상태에서 좌우로 기울일 수 있다(두 가지 가동성).
- 엄지손가락의 첫째 관절에 있는 **안장관절**은 절구관절과 비슷하게 움직인다. 그렇기 때문에 손가락 중에서 엄지손가락이 가장 자유롭게 움직인다.
- 끝으로 활주관절이라고도 불리는 **평면관절**이 있다. 우리의 척추가 뻣뻣하게 서 있지 않고 유연하게 움직이는 것은, 척추 사이사이에 있는 작은 관절쌍 덕분이다. 이 관절은 추간판과 인대와 한 팀이 되어, 척추의 안정성과 유연성을 동시에 보장한다.

이 모든 다양한 관절을 갖춘 운동계는, 우리 몸이 얼마나 치밀하게 잘 지어졌는지를 다시 한번 입증한다. 절구관절은 고관절이나 어깨관절처럼 큰 움직임이 필요한 곳에서 요긴하다. 만약 어깨관절이 경첩관절이라면, 우리는 뒤통수를 긁지 못하고 천장에 달린 전구도 갈지 못할 터이다. 팔꿈치와 무릎에 있는 경첩관절과 중쇠관절은 비록 절구관절만큼 자유롭게 움직이진 못하지만, 그 위치에 적절한 장점이 있다. 이런 관절은 걷기, 서 있기, 잡기에 꼭 필요한 안정성을 주기 때문이다.

연골 - 관절의 보물

닭다리를 뜯어본 사람이라면 연골이 무엇인지 잘 알 것이다. 연골은 모든 관절에 있지만 특히 코, 기관지, 귓바퀴에 많다. 연골조직은 지지 조직으로서, 연골세포, 섬유 그리고 프로테오글리칸 및 글리코프로테인(당단백질) 같은 친수성 물질로 구성되었고, 스티로폼 구슬이 모여 있는 것처럼 생겼다. 연골은 굽힘과 압박에 탄력적으로 반응한다.

운동계에서는 이른바 유리연골과 섬유연골이 중요하다. 유리연골은 70퍼센트가 물로 구성되어 있다. 우유처럼 불투명하고, 세포가 아주 많고, 압박에 매우 탄력적이기 때문에 관절에서 일종의 완충제 구실을 한다. 연골에는 다양한 층이 있다. 최상층에는 콜라겐섬유가 표면과 평행하게 깔려 있어, 뼈가 부드럽게 미끄러진다. 최하층에는 콜라겐섬유가 표면과 수직으로 배열되고, 콜라겐섬유 사이에 구슬 모양의 연골세포들이 기둥처럼 쌓여 있다. 연골 횡단면에서 콜라겐섬유는 아치처럼 보인다. 연골조직 자체에는 혈관과 신경이 없기 때문에, 연골세포는 관절액을 통해 양분을 얻는다.

반면, 척추관절의 추간판과 무릎관절의 반월상연골판은, 연골세포가 적고 콜라겐섬유가 많은 연골조직이다. 이런 섬유연골은 가위로도 잘린다. 유리연골에 비해 콜라겐섬유가 많이 들어 있기 때문이다.

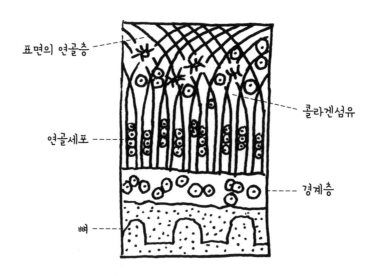

표면의 연골층

콜라겐섬유

연골세포

경계층

뼈

· 연골 횡단면 ·
맨 아래가 뼈층, 그 위로 연골층이 있는데,
독특한 연골세포 기둥과 아치형으로 이어진 콜라겐섬유가 보인다.

연골은 관절을 위한 기발한 윤활면이다. 이 세상 어떤 기계의 결합이나 축도 인간의 관절만큼 마모된 부품을 교체할 필요 없이 동작 임무를 수행하지 못한다. 자동차 타이어나 신발을 부품 교체 없이 80년이나 쓰는 것을 상상할 수 있겠는가? 기술 발전으로 만들어진 물질 중에 연골보다 마모가 덜 되는 물질은 없다. 전문가들은 이것을 '내마모성이 높다'라고 표현한다. 그러나 옥에 티가 하나 있다. 마모된 연골은 복구되지 않는다는 것. 우리는 각자 보유한 한정된 연골을 평생 사용해야 한다. 그래서 연골은 아주 귀중해졌고, 그에 합당하게 '관절의 보물'이라는 별칭을 얻었다. 연골이 망가지면 심한 관절통을 앓는다. 관절통을 야기하는 위험요인은 다양하다. 잘못된 하중, 부상, 과체중, 염증 등이 서서히 연골을 마모시킬 수 있다. 연골이 일단 손상되면 관절강(뼈와 뼈 사이 틈새)이 좁아져 움직임이 제한되고, 뼈가 점점 더 심하게 마찰을 일으키고, 이 모든 것이 손상된 연골을 더욱 강하게 압박한다. 관절에 연골이 하나도 남아 있지 않으면, 우리 정형외과 의사들은 그것을 '연골 대머리'라고 부른다. 연골 대머리 상태라면 더는 할 수 있는 게 없다.

그러나 연골이 일부 손상된 경우 현대의학에서는 손쓸 여지가 있다. 손상되지 않고 아직 남아 있는 연골세포

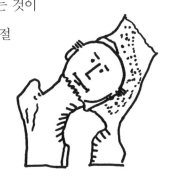

· 연골 대머리 ·
관절에 연골이 없어
뼈들이 서로 부딪친다.

일부를 떼어내, 실험실에서 수천 배로 배양한다. 넉넉잡아 4주에서 6주 뒤에, 이 귀중한 '연골 구슬'을 손상된 자리에 다시 주입한다. 다시 6주가 지나면 환자는 관절의 부담이 가벼워지는 것을 느끼기 시작하고, 3개월 뒤에는 다시 완전히 자유롭게 움직일 수 있다. 그리고 늦어도 1년 뒤면, 새로운 연골은 옛날 연골과 똑같은 강도에 도달한다. 예상수명이 계속 길어지는 것을 고려하면, 이런 연골 구슬은 언젠가 틀림없이 '티파니의 진주'보다 더 귀중해질 것이다. 그리고 미래에는 어쩌면 닭과 채소를 키우는 농장뿐 아니라, 결합조직이나 연골을 키우는 대농장이 생길지도 모른다!

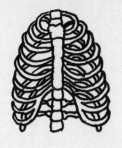

PART

II

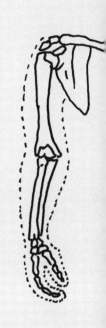

근육, 인대, 힘줄

- 운동계의 능동적 부위 -

근육, 인대, 힘줄이 없으면 우리는 실제로 휴고처럼 '뻣뻣하게' 돌아다닐 것이다. 우리의 근육은 골격의 모터이자 발전소로서, 운동계의 능동적 부위에 해당한다. 한마디로, 근육이 없으면 아무것도 못 한다. 근육의 도움이 있어야만 우리는 철인삼종경기를 할 수 있고, 역기를 들고, 피아노를 칠 수 있다. 쾰른 출신의 철인삼종경기 선수 얀 프로데노Jan Frodeno는 현재 세계기록을 보유하고 있는데, 2016년에 그는 수영 3.86킬로미터, 자전거 180킬로미터 그리고 마라톤 42킬로미터를 7시간 35분 안에 해냈다. 역도선수 마티아스 슈타이너는 2008년 베이징 하계올림픽에서 합계 461킬로그램을 들어 금메달을 땄다. 그리고 피아니스트 랑랑은 어찌나 현란하게 피아노를 연주하는지, 보기만 해도 현기증이 날 것 같다. 몇 시간 동안의 극한 지구력, 미세하면서도 재빠르게 움직이는 손가락! 근육의 능력은 아주 다양하다. 근육 덕분에 우리가 할 수 있는 능력의 전체 스펙트럼 역시 아주 넓다.

그러나 힘줄이 없으면, 근육은 재능을 전혀 발휘할 수가 없다. 힘줄의 한쪽 끝은 근육과, 다른 쪽 끝은 뼈와 연결되어 있다. 힘줄은 아주 질긴 콜라겐섬유라서 어떤 팽창이라도 견뎌낼 수 있다. 대표적인 임무는 근력을 뼈에 전달하는 것이다. 몸을 움직일 때 우선 근육이 수축하고 그다음 근육의 당기는 힘이 힘줄로 전달된다. 이때 힘줄이 이 힘을 뼈로 전달하지 않으면 우리는 한 걸음도 나아갈 수가 없다. 줄인형을 상상하면 이해하기 쉽다.

인대는 관절을 안정적으로 지탱해준다. 뼈를 이어주는 띠이고, 다른 한편으로 관절이 가능한 가동범위를 넘지 못하게 보호한다. 인대는 단단하고 탄성이 낮은 결합조직이어서 과도하게 당기면 끊어질 수 있다.

힘줄과 인대라는 두 조력자가 없으면 근육은 (제아무리 불끈불끈 크게 솟았더라도) 똑바로 걷기, 서기, 앉기, 잡기 혹은 그 외 어떤 동작도 제대로 하지 못한다.

근육 - 다재다능한 자연의 걸작

빼빼 말랐든 불끈불끈 근육질이든, 모두가 근육을 600개씩 가지고 있다. 이 근육들은 우리 몸에서 제각각 고유한 신체기관을 형성한다. 근육은 수축과 이완의 상호작용으로 우리를 움직인다. 각각의 근육은 특별한 조직과 근육세포로 구성된다. 근육세포는 길고 가느다랗게 생겼는데, 길이가 수 센티미터에 달하기도 한다. 운동계 근육의 근육세포는 특별히 근육섬유라고도 불린다. 근육섬유 여러 개가 근육섬유다발을 형성하고, 그런 다발 여럿이 모여 근육을 형성한다. 이것에 대해서는 조금 있다 자세히 다루기로 하자.

근육은 다재다능한 자연의 걸작이다. 근육은 크게 두 가지로 나뉜다. 위나 장 같은 내장 운동을 담당하는 민무늬근조직 그리고 심장근육과 골격근육을 구성하는 가로무늬근조직. 우리는 민무늬근조직과 심장근육에 의식적으로 영향을 줄 수는 없지만, 골격근육은 마음대로 조종할 수 있다.

골격근육은 힘줄의 도움을 받아 뼈와 연결된다. 근두(근육 머리)와 근미(근육 꼬리) 사이에 볼록 불어난 부분이 있는데 이것을 근복(근육 배)이라고 부른다. 근육에는 이런 배가 하나 혹은 여럿일 수 있다. 배가 여럿인 근육의 한 예가 바로 남자들의 로망인 식스팩, 즉 복직근이다. 식스팩의 경우 근육이 중간 힘줄에 의해 여러 부분으로 분리된다. 이두근처럼 근두가 여럿인 근육도 있다. 하나 혹은 여러 관절과 연결된 근육도 있다. 이런 근육은 단일관절근육 혹은 다중관절근육이라 불린다.

· 삶기 전의 스파게티면을 닮았다 ·
면 가닥 하나가 근육섬유 하나에 해당하고,
여러 가닥을 합친 한 움큼은 근육섬유다발이고,
한 봉지 전체가 근육에 해당한다.

관절근육이 얼마나 영리하게 배치되었는지를, 우리는 손에서 볼수 있다. 손과 손가락에 우아한 외관과 최적의 기능을 부여하기 위해 자연은 친절하게도 긴 손가락근육을 아래팔에 배치했다.

골격근육의 대표적 특성은 가로무늬이다. 현미경으로 골격근육을 보면, 먼저 긴 근육세포만 보인다. 이것을 더 확대하면, 수천 개의 근원섬유를 볼 수 있다. 아주 가늘고 긴 실처럼 생긴 근원섬유는 근육의 수축을 담당한다. 여기서 더 확대하면, 근원섬유가 가로무늬인 것을 확인할 수 있다. 밝은 줄과 어두운 줄이 서로 교차한다. 밝은 줄과 어두운 줄은 얇은 액틴필라멘트Actin Filament와 굵은 미오신필라멘트Myosin Filament로 구성된 다양한 단백질구조이다. 근육이 수축하면, 이 미세섬유들이 서로 겹치면서 근육이 응축되고 긴장되어 힘이 생긴다. '손깍지 사다리'를 상상하면 이런 교차 겹침의 원리를 쉽게 이해할 수 있다. 양손의 손가락을 서로 교차하여 겹치면 단단하게 연결될 뿐아니라, 높은 곳을 오를 때 사다리처럼 사용할 수 있을 정도로 힘이 생긴다.

근육섬유 혹은 근육세포도 어떤 과제를 수행하느냐에 따라 두 가지 유형으로 분류된다. 매우 빨리 반응하는 근육이 있고, 천천히 반응하는 대신 더 오래 버틸 수 있는 근육이 있다. 이런 서로 다른 능력은 무엇보다 그 근육이 에너지를 어디에서 얻느냐와 관련이 있다.

- **1형 섬유**: S섬유라고도 불리는데, 영어 'slow(느린)'에서 유래했다. 이 섬유는 느리게 수축하는 근육섬유로, 힘이 약한 대신에 지구력이 좋다. 외관상 가느다랗고, 미오글로빈 농도가 높아 붉은색이다. 이 섬유는 이런 산소 결합 근육단백질, 즉 미오글로빈에서 에너지를 얻는다.
- **2형 섬유**: 영어 'fast(빠른)'에서 유래해 F섬유라고도 불리는데, S섬유와는 반대로 빨리 반응하는 섬유다. 재빨리 강한 힘을 발휘하고 그래서 에너지 소비가 높으며 결과적으로 금세 지친다. 이 근육섬유는 빠르게 공급되는 글리코겐에서 에너지를 얻는다. 이 섬유는 느린 동료 S섬유와 달리 산소를 저장하는 붉은 근육색소를 덜 함유하기 때문에 하얗게 보인다.

각 근육에는 다양한 과제에 맞게 두 섬유가 적절한 비율로 들어 있다. 등과 몸통 근육은 주로 정적인 과제를 담당하고 그래서 1형 섬유가 많다. 반면, 팔에는 2형 섬유가 대부분을 차지한다. 기본적으로 모든 사람은 근육섬유의 구성이 유전적으로 다르지만, 근육에 가해지는 부담이 일정 한계 내에서 변하면 섬유 유형도 바뀔 수 있다.

이것은 스포츠에서 가장 함축적으로 드러난다. 국제육상대회 100미터 결승에는 오로지 근육질의 건장한 선수들만 출발선에 선다. 선수들은 모두 말벌알레르기가 있고 모든 근육이 말벌에게 쏘이기라도 한 듯 팽팽하게 부풀어 있다. 이런 근육질의 남자들은 역도나 체조경기에서도 좋은 성적을 낼 수 있을 것이다. 이 선수들은 모두, 빠르게 수축하고 강한 힘을 발휘할 뿐 아니라 부피도 키울 수 있는 2형 섬유를 많이 가지고 있다. 이런 근육섬유는 금세 지치기 때문에 100미터 혹은 최대 200미터 경주처럼, 단기에 최대로 힘을 써야 하는 스포츠에 완벽하다. 반면 장거리 경주에서 이런 근육을 많이 가진 선수들은 승리의 꽃다발을 받기 힘들다.

근육질 선수의 반대편에 마라톤선수가 있다. 마라톤선수들은 마르고 근육이 작아서 거의 막대기처럼 보인다. 장거리 선수들은 부피가 작고 천천히 수축하고 약하지만, 쉽게 지치지 않는 힘을 발휘하는 1형 섬유를 많이 가지고 있다. 이런 근육을 가진 사람은, 예를 들어 마라톤, 크로스컨트리스키, 자전거경주, 철인삼종경기처럼 장시간 지구력을 요구하는 스포츠에 적합하다.

동물 근육에는 이런 차이가 없다. 정육점에 가보면 붉은 고기도 있고 흰 고기도 있다. 우리가 먹는 고기가 바로 동물의 근육이다. 예를 들어 닭고기는 흰색인데, 닭의 근육이 주로 2형 섬유로 구성되었기 때문이다. 닭은 짧고 빠르게 날갯짓을 하기 때문에 근육을 잠깐만 쓰면 된다. 반대로 소고기는 붉은색인데, 소는 풀을 뜯기 위해 넓은 초원을 돌아다녀야 하고, 그러려면 지구력이 필요하기 때문이다. 이런 근육이 붉은색인 까닭은 산소 공급을 담당하는 '미오글로빈'이라는 근육단백질 때문이다. 단거리 선수와 닭이 짧고 빠르게 근육을 쓰기 위해 글리코겐에서 에너지를 얻고 산소를 아주 적은 양만 사용하는 반면, 마라톤선수와 소는 오래도록 근육을 쓰기 위해 미오글로빈의 도움으로 산소를 공급받는다. 그들의 근육은 지구력에 따라 알맞게 갖춰져 있다. 만약 닭과 단거리 선수를 오래도록 근육을 써야 하는 여정에 내보낸다면, 둘은 금세 산소가 부족하게 될 것이다.

자메이카 출신의 100미터 세계 챔피언(2015) 우사인 볼트가 제대로 훈련만 받으면, 마라톤에서도 세계챔피언이 될 수 있을까? 아니면 반대로, 같은 해에 마라톤 세계챔피언이 된 에리트레아 출신 육상선수 기르메이 게브레슬라시에Ghirmay Ghebreslassie를 단거리 육상선수로 만들 수 있을까? 이 질문의 대답도 근육에 있다. 두 사람의 근육 사진을 보면 금세 대답할 수 있다. 아무도 자신의 기본 근육 장비, 즉 타고난 몸에서 벗어날 수 없다. 비록 연구결과들은 근육에 가하는 부담을 바꾸면 섬유 유형도 바뀔 수 있는 것처럼 말하지만, 게브레슬라시에는 100미터 스타 선수가 될 수 없고, 우사인 볼트는 마라톤선수가 될 수 없다. 타고난 기본 근육 장비가 다르기 때문이다.

그러므로 누군가에게 딱 알맞은 스포츠를 찾고 싶다면 체격과 근육 상태를 자세히 살펴야 한다. 많은 국가에서 이미 스포츠 유망주를 찾아내기 위해 유치원 혹은 초등학교에서 체계적인 검사를 진행한다. 예를 들어 잠재력을 가진 체조 유망주의 경우, 일반적인 유연성은 두말할 것도 없고, 언제든지 다리 찢기가 가능한지 확인하기 위해 골반 상태도 검사한다. 물론 이것은 아주 극단적인 사례다. 하지만 취미로 스포츠를 즐기더라도 새겨들을 필요가 있다. 모두에게 모든 스포츠가 적합한 건 아니다. 그러나 당신이 이제 안도의 숨을 내쉬며 "보라고! 나랑 스포츠는 안 맞아!"라고 말하기 전에 분명히 밝혀두건 대, 찾으려고만 한다면 누구든지 자신에게 딱 맞는 스포츠를 발견할 수 있다!

자신에게 맞는 스포츠 종류를 찾아내 올바르게 즐긴다면, 스포츠 는 확실히 건강에 좋다. 근육을 단련할 때 특정 근육과 그것에 대응 하는 반대쪽 근육(길항근)을 함께 단련하는 것이 언제나 중요하다. 말 하자면 주인공과 대적자^{對敵者}를 같이 단련해야 한다. 예를 들어 당신 이 이두근만 단련하고 그것의 길항근인 삼두근을 단련하지 않는다 면, 웨이트트레이닝을 하는 많은 사람들이 그러하듯, 언젠가는 팔꿈 치를 완전히 뻗지 못하게 될 것이다. 또한, 근육을 수축하고 긴장시 키는 것뿐 아니라 충분히 늘리고 이완하는 것에도 주의해야 한다. 특 히 남자들은 스트레칭과 준비운동을 귀찮고 쓸데없는 일로 무시하는 경향이 있다. 그들은 곧바로 열심히 무게를 들어 올리고, 거울 앞에 서 몸을 이리저리 돌려보며 결과에 감탄하고 싶어 한다. 그러면 나중 에 이런 편향된 근육 단련의 장기적 결과를 정형외과에서 보게 될 것 이다.

우리의 근육은 균형을 원한다. 스트레칭, 근력운동, 지구력운동을 고루 혼합하여 근육을 바르게 형성시켜야 운동계의 기능이 좋아진 다. 그리고 근육에게 일을 시키지 않으면 근육은 금세 사라진다. 몸 은 그런 식으로 에너지를 아낀다.

근육은 당대사와 지방대사에 좋은 영향을 준다. 근육은 기초대사량이 매우 높다. 말하자면 가만히 쉴 때도 몸이 에너지를 많이 쓴다는 뜻이다. 근육은 터보 모터로서, 오후에 간식으로 먹은 케이크 한 조각의 에너지를 아주 쉽게 소모하여 '체중이 늘지 않게' 해준다. 또한 잘 형성된 근육은 노년에 골다공증을 막아줄 뿐 아니라, 이른바 우리의 상해보험이기도 하다. 근육은 노년에도 유연성, 균형, 곧은 자세 그리고 자립을 보장하고, 넘어져 다치는 일이 없게 우리를 지켜준다. 근육은 건강을 오래 유지하기 위한 초석이다. 근육 덕분에 오늘날 73세가 넘은 사람이 마라톤을 세 시간 안에 뛸 수 있는 것이다. 나이가 들면서 생기는 근육상실 혹은 의학 용어로 '근육감소증'은 노년에 거동이 불편하거나 장기 병상 치료가 불가피해지는 가장 빈번한 원인 중 하나다.

터보 모터, 근육이 고장 나면

근육경련, 근육경직, 근육 과신장, 근육섬유 파열. 이제 어떻게 해야 할까? 세 명의 의사, 네 가지 의견, 다섯 가지 치료법이 있다. 한마디로, 다양한 종류의 근육 손상이 있고, 그만큼 아주 다양한 이론과 치료법이 있다. 소위 '단순한' 근육경직에서 시작해보자. 미국은 이것을 위해 'DOMS'라는 멋진 약자를 발명했다. DOMS는 'Delayed-Onset Muscle Soreness'를 줄인 말로, 번역하면 '지연성 근통증'이다. 나는 대학 시절에 이것을 근육의 과산성화라고 배웠는데, 이 이론은 오늘날 더는 인정되지 않는다. 지금은 근육경직을, 근육의 기본 단위인 근섬유분절(근원섬유의 일부분)의 손상으로 본다.

만약 근육경직이 정말로 근육 손상이라면, 내가 어렸을 때 핸드볼 코치에게 들었던 옛날 신조, 즉 근육경직을 낳지 않는 훈련은 올바른 훈련이 아니라는 신조는 틀린 말이 된다. 근육 손상을 원할 사람이 어디 있겠는가! 근육경직의 가장 고약한 점은, 근육 과신장이나 근육섬유 파열 때와 달리, 통증이 나중에 생긴다는 것이다. 기본적으로 반나절 혹은 하루가 지난 뒤에 통증이 생긴다. 그 까닭은, 근육의 최소단위인 근섬유분절의 손상으로 염증이 생기고, 이 염증은 주로 조용히 쉬다가 나중에 통증을 일으키기 때문이다. 만약 근육통이 일주일 넘게 계속된다면, 근육경직 외에 뭔가가 더 숨어 있을 수 있다.

근육경직이 생기지 않게 하려면 어떻게 해야 할까? 그것을 완치하는 가장 좋은 방법은 무엇일까? 바로 이완과 스트레칭이다! 근육경직 예방책으로서 모든 운동 전에 반드시 해야 하는 이완과 스트레칭은, 독일 체조의 아버지 프리드리히 얀^{Friedrich Jahn}이 권장했던 일반 준비운동보다 덜 효과적인 것처럼 보인다. 그렇더라도 인대와 힘줄을 보호하는 스트레칭을 절대 건너뛰어서는 안 된다. 다양한 동작을 선택적으로 조합하여 근육 모터가 원활히 돌아가게 한다. 그럼에도 근육경직이 일어나면, 따뜻한 물에 목욕을 하거나 가벼운 마사지를 하고, 운동을 잠시 중단하여 염증을 가라앉히는 것이 가장 좋다.

근육경직과 비슷하게 근육경련에 관해서도 잘못된 신조들이 아주 많다. 일명 '쥐가 난다'고 말하는 종아리에 생기는 경련을 한 번쯤 경험해봤을 것이다. 근육경련은 노련한 프로 축구선수조차 다리를 잡고 쓰러지게 만든다. 신체를 혹사했을 때 혹은 그 뒤에도 근육의 긴장 상태가 계속될 때 근육에 경련이 생긴다. 이것의 원인에 대해서는 이론이 분분하다. 과도한 근육 사용, 마그네슘 결핍, 칼슘 결핍, 땀을 통한 염분 상실, 혈액순환장애, 근육신경전달장애……. 그러나 어떤 이론도 완전히 증명되지 않았다. 근육경련에는 스트레칭, 부드러운 마사지, 온기가 도움이 된다. 그러나 1980년대 이후 고전적인 예방책으로 권장되어온 마그네슘 섭취는 과학적으로 그 효용성이 증명되지 않았다. 그런데도 마그네슘 섭취가 권장되는 이유는 뭘까? 마그네슘이 근육의 긴장과 이완을 지원하는 것이 사실이고, 쉽게 복용할 수 있는 약을 손에 가짐으로써 환자나 운동선수가 흡족해할 수 있다면, 나쁠 게 없기 때문이다. 그러나 자기 말만 옳다고 우기는 사람은 경고를 받아 마땅하다. 가장 좋은 예방책은 근육경직에서 이미 보았듯이 운동 전후의 규칙적인 스트레칭과 준비운동 그리고 운동 중간과 운동 뒤에 수분과 전해질을 충분히 공급하는 것이다. 운동 프로그램을 짤 때는 개별 부위의 최적화뿐 아니라 몸 전체에 근육이 고르게 발달하도록 해야 한다.

이제 근육 과신장과 근육섬유 파열을 보자. 근육섬유 파열은 프로 축구에서 가장 흔한 부상이다. 독일의 경우 운동 부상이 1년에 약 130만 건인데, 근육부상이 대부분을 차지한다. 앞에서 말했듯이, 근육섬유는 수많은 작은 섬유, 즉 근원섬유로 이루어져 있다. 이것은 우선 근육이 수축하여 작게 뭉쳐질 수 있게 한다. 근육 과신장의 원인은 이런 근원섬유를 과도하게 늘렸기 때문인데, 이런 경우 근육이 서서히 경직되고, 통증이 아주 천천히 증가한다. 이럴 때 축구선수들은 종종 이렇게 말한다. "33분에 나의 종아리가 말을 듣지 않았고, 나는 경기를 중단할 수밖에 없었습니다." 1~2주 휴식한 뒤에 근육이 정상으로 돌아오면, 훈련을 조금씩 다시 시작할 수 있다.

반면 근육섬유 파열이면 개별 근육섬유가 찢어져서 출혈이 생긴다. 현미경으로 보면 손상이 명확히 나타난다. 부상자는 갑작스럽게 극심한 통증을 느끼고, 힘이 쫙 빠져 계속해서 뛰는 것은 생각조차 할 수 없고, 근육이 즉시 부풀어 오른다. 이때가 바로, 프로 축구에서 의료팀이 들것을 가지고 들어와 선수를 경기장 밖으로 데려가야 하는 순간이다. 초음파 혹은 MRI로 부상 정도를 확인할 수 있다. 만약 근육섬유다발 전체가 끊어져서 근육에 실제로 틈이나 움푹 들어간 부분이 생겼다면 최악의 재앙이다. '작은' 섬유 파열은 치료가 6주에서 12주 걸리고, 섬유다발이 파열된 경우에는 상태에 따라 섬유를 다시 잇기 위해 심지어 수술을 해야 할 수도 있다. 이런 부상은 모든 프로 선수에게 악몽이다. 이제 물리치료, 전기요법, 휴식, 소염제 복용이 일과가 된다. 이때 손상된 근육 부위를 차게 유지하고(그렇다고 맨 살에 얼음팩을 바로 올려선 안 된다!), 가벼운 압박 붕대를 매고, 다리를 다쳤다면 다리를 높이 올리고 있는 것이 도움이 된다. 독일에서는 이런 조치를 앞글자만 따서 'PECH 규칙'이라고 부른다(PECH는 독일어로 '불운'을 뜻한다 – 옮긴이). P는 Pause(휴식), E는 Eis(얼음), C는 Compression(압박), H는 Hochlagern(높이 두기)이다.

이런 '불운 규칙'과 만나지 않으려면, 앞에서 설명했던 것들을 명심해야 한다. 준비운동과 스트레칭, 무리하지 않기, 그리고 무엇보다 몸이 보내는 신호에 주의하기. 통증을 견디며 억지로 운동해서는 절대 안 된다. 근육경직에서 과도한 신장을 지나 파열로 넘어가는 과정은 물 흐르듯 조용히 진행된다!

독일축구협회 역시 예방의 중요성을 인식하고 이것에 높은 가치를 둔다. 독일축구협회 홈페이지에는 'FIFA 11+'라는 제목으로 준비운동과 부상 예방법이 잘 소개되어 있다. 이것을 잘 변용하면 축구 외의 다른 운동에도 활용할 만하다.

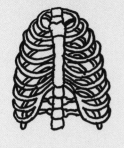

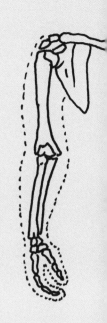

PART

III

뼈에 관한 기초 지식

-골격 여행-

운동계를 구성하는 가장 중요한 요소들을 살펴봤으니, 이제 골격을 둘러보는 짧은 여행을 떠나보자. 이 여행이 끝나면, 비록 카운트 백작처럼 환희에 차서 골격의 매력을 노래하지는 않더라도, 바라건대 각각의 요소들이 어떻게 기능하고 상호작용하는지 이해하게 될 것이다. 운동계가 기능하는 방식은 매우 복합적이고 정밀해서, 고장 역시 쉽게 난다. 아주 작은 부분에 문제가 생기면, 그 결과가 전혀 다른 곳에서 나타날 수 있다. 인간은 고성능 정밀기계다!

많은 문제가 직립보행 혹은 오래 앉아 있기 때문에 생긴다는 얘기를, 우리는 계속해서 읽거나 듣는다. 오래 앉아 있는 문제는 나중에 다시 다루기로 하고, 우선 직립보행부터 따져보자. 직립보행은 진화 과정에서 발달했다. 우리의 친척 종인 침팬지는 지금도 네발로 이동하지만, 인간은 대략 600만 년 전부터 허리를 펴고 똑바로 서서 걷는다. 직립보행은 현대 인간, 호모 사피엔스의 주요한 특징 중 하나다.

양손이 더는 걷는 데 사용하지 않게 되면서 물건을 잡고 다룰 수 있게 자유로워졌다. 이로써 골반과 대퇴골경부(넙다리뼈의 윗부분부터

골두 아랫부분까지)의 변형과 함께 배꼽 아래의 하체 전체가 변했다. 척추는 이중 S자 형태로 바뀌었고, 그리하여 몸의 무게중심이 발 위에 놓였다. 발은 보행과 직립을 위해 가로 아치와 세로 아치를 만들었다. 이러한 진화로 인해 운동계에 새로운 부담이 생기면서 허리통증과 무릎통증 같은 여러 '현대적' 문제들이 나타났다. 우리는 여전히 약간은 원숭이인 것이다…….

호모 사피엔스가 허리를 펴고 일어선 이유에 대해 수많은 이론이 있다. 기후이론, 사바나이론, 음식 가설. 이유가 뭐든, 인간은 직립보

네발짐승에서 두 발로 걷는 인간으로 진화했고 다시 구부정한
핸드폰인간으로 진화해간다. 다른 하중이 다른 문제를 가져온다.

행을 통해 지구상에서 가장 다재다능한 생명체가 되었다. 인간은 평생 약 5000만 걸음을 걷는다. 그것은 대략 4만 킬로미터에 해당하며 지구 한 바퀴를 도는 셈이다. 이 얼마나 놀라운 능력인가! 저마다 걸음걸이가 독특해서 걷는 것만 봐도 그 사람이 누군지 알 수 있다. 직립보행은 에너지가 적게 드는 이동 방식으로서, 심혈관계를 지원하고 지적 능력을 북돋운다. 스티브 잡스의 전기작가인 월터 아이작슨 Walter Isaacson이, 전설의 애플 보스가 새로운 아이디어를 창출하기 위해 사람들과 산책하기를 즐겼다는 얘기를 괜히 쓴 게 아니다. 그러나 직립보행이 우리 몸에 부담을 주는 것도 사실이다. 골격의 치밀한 변형에도 불구하고 우리 인간은 이런 새로운 부담을 완벽하게 보완할 수는 없다.

여담으로 덧붙이자면, 이상적인 신체 비율은 언제나 예술과 미학의 주제였다. 허벅지와 종아리의 길이가 일치하고, 팔꿈치에서 손목까지의 길이가 발 크기와 일치한다. 팔을 양옆으로 쭉 뻗으면, 그 길이가 키와 일치한다. 1490년경 '비트루비우스적 인간'에서 보여주었듯이, 레오나르도 다빈치는 이미 그것을 알고 있었다. 그리고 이상적인 비율일 때, 신체의 정중앙은 음부에 위치한다. 오랫동안 다리가 가장 긴(112센티미터!) 모델로 통했던 나댜 아우어만^{Nadja Auermann}이나 키가 가장 작은(150센티미터) 배우인 대니 드비토^{Danny DeVito}에게도 이것이 적용되는지는 굳이 다루지 말자.

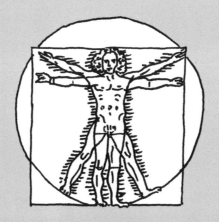

· 인간이라는 걸작 ·

레오나르도 다빈치의 〈비트루비우스적 인간(인체비례도)〉.

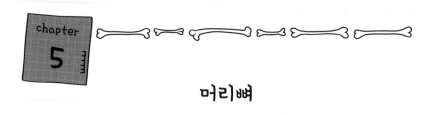

머리뼈

　골격을 두루 탐험하는 여행의 출발지는, 골격의 맨 위 마지막 지점인 머리뼈다. 머리뼈는 구조 면에서 20~30개 뼈가 서로 봉합된 납작뼈다. 머리뼈는 얼굴뼈와 뇌뼈로 나뉜다. **뇌뼈**의 가장 중요한 과제는, 이름에서 짐작할 수 있듯이 뇌를 보호하는 일이다. 그리고 뇌뼈가 제 임무를 얼마나 잘하는지를 우리는 스포츠에서 확인할 수 있다. 예를 들어 축구에서 골키퍼가 공을 상대 진영으로 멀리 80미터까지 차고, 그곳에서 어떤 선수가 공을 머리로 받으면, 머리뼈 입장에서 그것은 마치 딱딱하게 언 250그램짜리 버터 두 덩어리가 충돌하는 것과 같다. 충격은 막대하다. 게다가 그렇게 긴 비행거리 뒤의 충돌이니 더 말해 무엇하랴. 헤딩한 선수가 곧장 의식을 잃고 바닥에 쓰러지지 않고 (일반적으로) 계속 경기를 할 수 있는 것은 정말이지 대단한 일이 아닐 수 없다.

머리뼈는 머리를 보호한다. 하지만 이런 외부 위험으로부터만 보호하는 것이 아니다. 뇌가 머리뼈에 직접 닿지 않도록 보호장치도 마련해두었다. 머리뼈와 뇌 사이에는 유압식 완충기와 비슷하게 액체로 가득 차 있다. 말하자면 뇌는 이른바 안전모를 쓰고 있다. 규정이나 경고 없이도 항상!

얼굴뼈는 얼굴형을 결정하고, 눈 같은 감각기관에게 자리와 보호를 제공한다. 호흡계와 소화계 역시 여기서 시작된다. 위턱은 얼굴뼈에 단단히 고정되어 있지만, 아래턱은 자유롭게 움직인다. 그래서 턱관절은 오로지 협동 방식으로만 일할 수 있다. 입을 벌릴 때 턱관절의 골두(뼈머리)가 앞쪽으로 이동하고, 다물 때는 뒤쪽으로 이동한다.

뼈가 살아 있다는 것을 머리뼈에서 특히 인상 깊게 확인할 수 있다. 연약한 신생아를 품에 안고 머리를 만져보면, 이마 윗부분이 아직 말랑말랑한 것을 느낄 수 있다. 만지다가 흠칫 놀라게 되는데, 잘못하면 뼈가 주저앉을 것만 같기 때문이다. '정수리 숨구멍'이라고도 불리는 이 지점에 다양한 뼈들이 맞닿아 있다. 이 뼈들은 분만 때 서로 겹쳐져서 아기가 산도를 더 쉽게 통과할 수 있게 한다. 접이식 상자 같은 신생아의 머리뼈라니, 정말 기발하지 않은가? 머리뼈의 봉합 부위와 정수리 숨구멍은 생후 첫해에 비로소 뼈로 단단히 굳고, 머리의 성장이 가능해진다. 이것이 너무 일찍 혹은 너무 늦게 진행되면, 머리뼈가 극단적으로 크거나 작은 기형이 될 수 있다.

반면 어른의 머리뼈는 가장 단단한 뼈에 속한다. 헤딩 때 날아오는 버터 덩어리가 그것을 증명한다. 머리뼈는 이런 충돌을 대부분 잘 버텨내지만, 머리뼈가 보호해야 하는 뇌는 충격을 그다지 잘 이겨내지 못한다. 뇌진탕은 당장 문제를 일으킬 뿐만 아니라, 트라우마로 남은 뇌 손상이 알츠하이머나 파킨슨병 같은 질병을 일으킨다. 아무리 두꺼운 머리뼈라도 이겨내지 못하는 것이 있다.

조금 더 세밀하게 생긴 얼굴뼈가 부러지는 일 외에, 두개저부도 부러질 수 있다. 의학을 공부하기 전까지 나는 두개저부 골절이라는 개념을 거의 이해하지 못했었다. 나는 그저 정글짐에서 떨어져 바닥에 쓰러져 있는 어린아이의 코나 귀에서 피와 뇌척수액이 흘러나오는, 무서운 이야기를 알았다. 당시에는 상상만 해도 으스스했다.

두개저부는 머리뼈의 아랫부분을 말한다. 생물시간에 만났던 '휴고'의 머리를 떼어내, 밑에서 올려다보면 두개저부를 볼 수 있다. 수많은 신경과 혈관뿐 아니라 척수도 두개저부를 지난다. 그러므로 두개저부의 골절은 언제나 위험하고, 생명을 위협하는 합병증을 유발할 수 있다. 골절 자체보다는 그곳을 통과하는 수많은 공급로가 차단되기 때문이다. 머리를 온종일 돌리고 숙이더라도 평소 이런 공급로가 손상되지 않는 것은, 우리의 기발한 운동계의 또 다른 특장점이다.

머리뼈는 기능을 넘어 중요한 의미가 있다. 골격의 다른 뼈들과는 비교도 안 될 만큼 중요하다. 법의학에서는 머리뼈를 측정하여 부검한 시체의 출신과 성별을 알아낸다. 살해당한 희생자의 신원이 밝혀지지 않아서 형사가 더는 수사를 진행할 수 없을 때, 머리뼈는 희생자의 얼굴 정보를 줄 수 있다. 이때 전문가가 특수 찰흙으로 머리뼈 모형을 뜬다. 선사시대의 유물에도 이 기술이 사용된다. 그렇게 네안데르탈인과 외치^{Ötzi}(1991년 외츠탈 알프스의 빙하에서 발견된 약 5300년 전 미라 – 옮긴이)가 얼굴을 얻었다. 또한, 머리뼈는 해골 형태로 예술과 문학에서 죽음을 상징하는 아이콘이다. (메멘토 모리: 죽음을 기억하라!) 머리뼈 밑에 뼈 두 개가 X자로 놓인 해적기인 '졸리 로저$^{Jolly\ Roger}$' 도 빼놓을 수 없다. 해적들은 묘비에서 이 형태를 가져왔다. 오늘날 고스^{Goth} 팬들이 여기서 영감을 얻는다. 많은 이들이 해골을 장신구처럼 목이나 허리띠에 찬다.

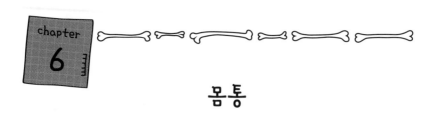

몸통

머리뼈에서 출발한 우리의 골격 여행은 목을 지나 척추와 흉곽으로 구성된 몸통으로 이어진다. 척추는 모든 척추동물의 중심 요소이고, 우리 인간도 척추동물에 속한다. 척추는 우리를 지탱하는 중심이고, 골격들을 서로 연결하며, 경추(목뼈), 흉추(등뼈), 요추(허리뼈), 천추(엉치뼈), 미추(꼬리뼈) 등 총 24개의 척추체로 구성된다.

척추는 두 가지 정반대 특징을 하나로 합친 자연의 진정한 걸작이다. 척추는 최고의 유연성과 최고의 안정성을 가졌다. 프리스타일 모굴스키mogul ski 경기를 본 적이 있는가? 스키선수는 울퉁불퉁한 모굴(인공적으로 만든 눈 둔덕)을 통과하며 이리저리 회전하는데, 이때 몸이 심하게 덜컹거리고, 모굴에서 여러 번씩 공중으로 솟구쳐 오른다. 어떤 사륜구동 차량도 그런 거친 구간을 파손 없이 멀쩡하게 통과할 수는 없을 것이다. 혹은 '태양의 서커스Cirque du Soleil'를 생각해보라. 배를 깔고 엎드려 아무 어려움 없이 발을 뒤통수에 갖다 대는 곡예사를 보라. 그런 동작이 가능한 것 역시 우리의 척추가 안정성과 유연성이라는 정반대 특징을 최고 수준으로 발휘하기 때문이다!

척추가 이런 불가능에 가까운 일을 해낼 수 있는 것은 척추체의 구조 덕분이다. 척추체는 가시돌기, 척추뼈고리, 가로돌기 두 개, 관절돌기 네 개로 구성된다. 각각의 척추체는 작은 척추관절과 충격완화제인 추간판을 통해 서로 연결되어 있다. 추간판은 젤리처럼 말랑말랑한 섬유륜으로 구성되는데, 섬유륜 안에는 수핵이 있다. 추간판은 척추 사이에서 한편으로는 충격을 완화하고, 다른 한편으로는 유연성을 제공하는 작은 젤리 방석과 같다. 우리는 이런 작은 젤리 방석을 총 23개 가졌는데, 이 방식은 80퍼센트가 물로 채워졌다. 추간판은 온종일 압력을 받아 방석처럼 납작하게 눌린다. 추간판은 압력을 받으면 힘의 분산을 위해 물을 밖으로 내보내고, 그래서 우리는 매일 최대 2센티미터까지 키가 줄어든다. 당신이 아직 그것을 인식하지 못한 까닭은 젤리 방석이 '몸을 흔들어' (소파 쿠션처럼) 다시 부풀기 때문이다. 이 과정은 대부분 밤에 우리가 알지 못하는 사이에 일어난다. 우리가 휴식할 때, 추간판은 스펀지처럼 주변에서 물을 흡수하고, 우리는 다시 전날 아침과 똑같은 키로 돌아간다.

또한 추간판은 이런 메커니즘을 통해 양분을 공급받는다. 압력 뒤에 휴식이 따르지 않아, 이런 메커니즘이 정상적으로 작동되지 않으면, 추간판 대사가 균형을 잃는 것으로 끝나지 않는다. 수분 배출이 흡수보다 더 많아, 젤리 방석의 부피는 줄고 결국 추간판의 기능이 평소보다 떨어진다. 그러면 섬유륜이 찢기고 손상되면서 젤리 일부가 빠져나오는데, 이것을 추간판탈출증이라고 한다.

추간판이 유연성을 책임진다면, 척추 전체의 안정성은 아주 강한 인대가 책임진다. 이런 인대들이 근육의 지원을 받아 우리 몸을 꼿꼿하게 지탱한다. 크고 긴 인대가 척추 앞뒤를 덮고 있고, 개별 척추체의 가로돌기, 가시돌기, 척추뼈고리 역시 인대로 연결되어 있다.

어쩌면 척추의 가장 중요한 기능은, 뇌와 팔다리를 잇는 주요 전선

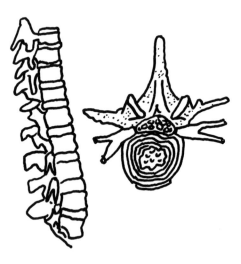

· 척추의 종단면과 횡단면 ·
척추체와 방석 모양의 추간판이 보인다.

인 척수를 보호하는 일일 것이다. 척수는 척추뼈고리의 보호를 받으며 뇌의 동작 명령을 팔다리에 전달한다. 이런 기발한 보호 체계가 손상되면 어떤 일이 발생할 수 있는지를, 우리는 대형사고의 결과에서 종종 본다. 척수가 손상되면 부분 마비 혹은 심하면 전신 마비까지 올 수 있다. 경추를 다쳤으면 팔다리가 마비되고, 요추를 다쳤으면 다리가 마비된다. 낙마 사고로 경추 두 개가 부러져 전신 마비로 죽을 때까지 휠체어 생활을 했던 〈슈퍼맨〉에 나온 영화배우 크리스토퍼 리브 Christopher Reeve를 모두가 기억할 것이다. 사무엘 코흐 Samuel Koch 역시 2010년에 〈베텐 다스? Wetten, dass?〉라는 도전 프로그램에 출연했다가 경추를 다쳤고 전신 마비라는 비극적 결말을 맞았다. 물론, 이것들은 아주 드물게 일어나는 극단적인 사례다. 나무에서 떨어진 아이가 다친 곳 하나 없이 멀쩡하게 다시 일어나는 일도 있는데, 이것은 척추의 보호 체계가 완벽하게 기능했기 때문이다. 그럼에도 나는 내 딸들이 정원 담장에서 뛰어내리거나 그 위에서 균형 잡기 놀이를 할 때면, 매번 조마조마하여 숨을 삼키곤 한다.

걷거나 뛸 때 근육은 척추에 미치는 압력 대부분을 흡수한다. 그뿐이랴, 근육이 없으면 우리는 움직일 수 없고 몸을 안정적으로 지탱하지도 못한다. 인대 혼자서는 그 일을 할 수가 없다. 우리의 척추는 등근육과 (내부와 표면에 있는) 복근에 의해 움직여지고 자세를 유지한다. 등근육과 복근이 복합적인 버팀줄 체계를 형성하여, 척추를 앞뒤 좌우로 굽히거나 돌릴 수 있게 해준다. 등근육과 복근은, 어떤 동작에서는 함께 협력하고, 어떤 동작에서는 이른바 적대자 혹은 반대자로 일한다. 이를테면 등근육은 똑바로 서는 것을 담당하고, 복근은 몸을 웅크릴 수 있게 한다. 좌우로 구부리고 돌리는 동작을 할 때는 두 근육이 협력한다.

그러므로 건강한 척추는 '건강한 배'와도 관련이 있다. 한쪽이 방치되면 전체 체계가 원활하지 못하다.

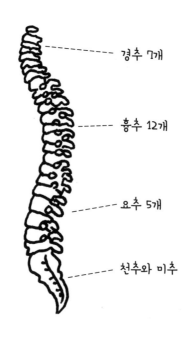

경추 7개

흉추 12개

요추 5개

천추와 미추

· S자 척추 ·

이중 S자 형태의 척추는 경추 일곱 개, 흉추 열두 개,
요추 다섯 개 그리고 천추와 미추로 구성된다.
이런 형태 덕분에 척추는 안정성과 유연성을 동시에 갖는다.

건강한 척추를 위해서는 근육의 두 가지 능력이 중요하다. 근육은 능동적으로 척추를 지탱하고 동시에 유연성을 보장해야 한다. 다음의 간단한 자가진단으로, 당신의 척추 상태를 쉽고 빠르게 점검할 수 있다.

• **유연성**: 온몸에 힘을 빼고 서서 다리를 쭉 뻗은 상태에서 앞으로 허리를 숙인다. 이때 손과 바닥의 거리가 얼마인가? 손과 바닥의 거리가 10센티미터 이상이면, 유연성에 문제가 있다.
• **안정성**: 간단한 자세로 검사할 수 있다. 어린이의 경우, 양팔을 앞으로 뻗고 30초 동안 허리를 앞으로 숙이거나 웅크리지 않고 버틸 수 있어야 한다. 어른이라면 먼저 배를 바닥에 대고 엎드려야 한다. 팔을 직각으로 굽혀 바닥에 붙이고, 발끝만 바닥에 댄다. 이제 바닥을 밀며 몸을 위로 올려, 머리와 척추가 일직선이 되게 한다. 이른바 '플랭크 Plank'라 불리는 이 자세로 최소한 20초는 버틸 수 있어야 한다.

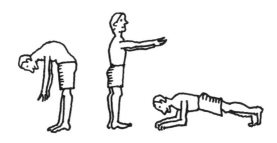

이 짧은 자가진단으로 척추의 안정성과 유연성 상태를 점검할 수 있다.

척추뿐 아니라 흉곽 역시 우리의 몸통에 속한다. 갈비뼈(늑골) 12개와 가슴뼈(흉골)로 구성된 흉곽은 심장과 폐를 보호한다. 말하자면 우리는 태어날 때부터 이미 일종의 갑옷을 입고 세상에 나온다. 그러나 이 갑옷은 중세시대 기사가 입었던 것처럼 딱딱하기만 하지 않고 탄력도 있다. 막대처럼 생긴 갈비뼈 12개가 쌍쌍으로 늑골관절을 통해 척추의 등뼈와 연결된 덕분이다. 또한, 갈비뼈에 붙은 근육들이 흉곽을 움직인다. 이런 기발한 구조가 없으면 우리는 숨을 쉴 수 없었을 것이다. 탄력적인 흉곽 덕분에 숨을 들이쉴 때 폐가 팽창할 수 있는 충분한 공간이 확보된다.

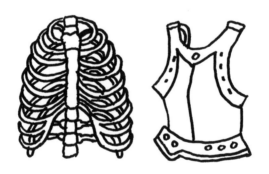

흉곽은 탄력적인 갑옷처럼 심장과 폐를 보호한다.

아주 기발하게 구성된 흉곽에도 몇몇 기형이 있다. 가슴뼈가 안쪽으로 움푹 들어갔으면 우리는 그것을 오목가슴이라고 부르고, 앞쪽으로 아치형으로 휘었으면 새가슴이라고 부른다. 두 경우 모두 미관상의 문제일 뿐이므로, 겉으로 심하게 드러나지 않는다면 치료할 필요는 없다.

좋은 소식이 하나 더 있다! 대개 흉통의 원인은 심장이 아니라, 주로 늑골관절과 늑간신경(갈비뼈 사이 신경)에 있다. 늑골-척추관절에 문제가 있으면 띠 모양으로 퍼지며 당기는 듯한 통증이 생긴다. 이 통증은 종종 가슴뼈를 누르거나 어깨뼈 사이를 당기는 것처럼 느껴진다. 움직이거나 숨을 들이쉬면 통증이 더 심해진다. 척추 옆의 특정 압점을 누르면 이와 비슷한 통증이 느껴진다. **늑간신경통**의 경우, 통증이 왼쪽 옆구리에 나타나면 그 증상이 심근경색과 매우 유사하다. 이때는 언제나 의사의 진찰이 꼭 필요하다. 심근경색이 아니라 흉골관절이 문제라면, 지압 요법이 놀라운 효과를 발휘한다. 지압사가 여기저기 몸을 누르면 막힌 곳이 풀린다. 지압을 받을 때 불편한 '뚜두둑' 소리가 날 수 있지만, 자신 있게 약속하건대, 당신은 이 과정 뒤에 틀림없이 새로 태어난 기분이 들 것이다. 나 역시 얼마 전에 팔굽혀펴기를 하다 흉골관절에 문제가 생겼다. 지압을 받은 뒤에 그동안 내 동작이 얼마나 제한적이었는지 뼈저리게 느꼈고, 나를 다시 정상으로 회복시켜준 동료에게 하마터면 감사의 키스를 할 뻔했다.

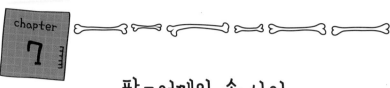

팔-어깨와 손 사이

몸통 윗부분에 팔과 몸통을 연결해주는 팔이음뼈(견갑대)라는 연결장치가 있다. 팔이음뼈는 어깨뼈(견갑골)와 빗장뼈(쇄골)로 구성된다. 빗장뼈의 앞부분은 가슴뼈와, 옆부분은 어깨뼈와 연결되어 있고, 어깨뼈는 흉곽 뒤편과 근육으로 연결되어 움직일 수 있다.

어깨관절은 절구관절로서, 우리 몸에서 가동성이 가장 큰 관절이다. 절구관절이라는 이름에서 아무것도 떠오르지 않는다면 주차된 자동차로 가서 뒤편에 달린 트레일러 연결장치를 잠깐 보고 오면 도움이 될 것이다. 자동차의 트레일러 연결장치도 일종의 절구관절이다. 절구관절은 구조상 원칙적으로 모든 방향으로 움직일 수 있다. 어깨관절은 위팔뼈(상완골)와 연결되어 있다. 우리는 팔을 상하로 굽히고 펼 수 있고, 좌우로 기울일 수 있고, 돌릴 수도 있다. 그 덕분에 우리는 던지고, 기고, 공중제비를 돌고, 숟가락을 입으로 가져갈 수 있다. 어깨관절보다 더 다양한 동작을 할 수 있는 관절은 없다. 기발한 어깨관절 덕분에 라파엘 나달Rafael Nadal 같은 테니스선수는 시속 210킬로미터 속도로 공을 쳐낼 수 있고, 마이클 펠프스Michael Phelps 같은 수영선수는 200미터 접영에서 1분 51초 51이라는 전설적인 기록을 세울 수 있었다.

위팔뼈 윗부분과 관절와(관절기와)가 어깨관절에서 만나는데, 이 때 상대적으로 작은 관절와(어깨뼈와 위팔뼈가 연결되는 움푹 들어간 부분)는 아주 큰 위팔뼈 윗부분을 완전히 덮지 못한다. 둘의 크기 비율은 대략 에스프레소 찻잔 받침에 오렌지가 놓인 것과 비슷하다. 고리 모양의 관절와순이 관절와를 고정하고, 위팔뼈 윗부분은 근육으로 덮여 있다. 이것을 이른바 회전근개라고 부르는데, 회전근개는 어깨의 움직임을 담당하는 네 근육으로 구성된다.

커다란 위팔뼈 윗부분과 작은 관절와 그리고 근육으로 구성된 어깨관절이 어깨의 가동범위를 아주 크게 해준다. 그러나 이런 조합 때문에 어깨가 다른 관절보다 더 쉽게 탈구되고, 그래서 위팔뼈 윗부분을 덮고 있는 회전근개가 파열될 수 있는 단점이 있다. 말하자면 어깨관절은 아주 훌륭하지만 동시에 문제를 자주 일으킨다.

앞에서 언급했듯이 어깨관절은 팔을 몸통과 연결해준다. 그리고 위팔뼈는 팔꿈치관절을 통해 노뼈(요골, 아래팔 중 바깥쪽에 있는 뼈)와 자뼈(척골, 아래팔의 안쪽에 있는 뼈)로 구성된 아래팔뼈(하완골)와 연결

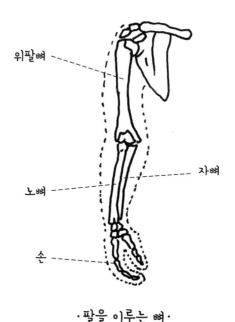

·팔을 이루는 뼈·

우리의 팔은 정말로 자유롭게 움직일 수 있다.

된다. 팔꿈치관절은 경첩관절처럼 작동하지만, 여느 경첩관절과 달리 아래팔을 돌릴 수 있게 하는 복합적인 관절이다. 다시 말해 우리는 팔꿈치를 굽힌 채 손바닥이 위로 혹은 아래로 가도록 아래팔을 돌릴 수 있다. 이것 역시 아주 기발한 구조인데, 우리는 이런 방식으로 뭔가를 손바닥에 올려놓거나 손바닥을 아래로 하여 뭔가를 집을 수 있다. 그리고 더 기발한 것이 있다! 우리가 장바구니나 양동이처럼 무거운 물건을 들면, 팔이 팔꿈치관절에서 자동으로 10도 정도 바깥으로 벌려진다. 이것은 대단히 영리한 메커니즘인데, 그 덕분에 장바

구니나 양동이가 우리 몸에 부딪히지 않기 때문이다. 모든 규칙에는 예외가 있기 마련이라, 양동이가 몸에 부딪혀 물이 흘러넘칠 수도 있지만, 만약 그렇다면 그것은 어쩌면 팔의 구조 때문이 아니라 당신의 걸음 속도 때문일지도 모른다.

노뼈와 자뼈로 구성된 아래팔뼈는 손목관절을 통해 손뿌리뼈(수근골)와 연결된다. 손목관절은 달걀 모양의 볼록면과 타원형의 오목면으로 구성된 타원관절이다. 이런 타원관절은 두 가지 가동성을 갖는다. 상하로 굽히고 펴기, 그리고 좌우로 기울이기.

손에는 각각 27개씩 총 54개의 뼈가 있는데, 이것은 우리 몸에 있는 전체 뼈의 약 4분의 1에 해당한다. 손뿌리뼈는 네 개씩 2열로 총 여덟 개의 작은 뼈로 구성되고, 손바닥 쪽으로 아치형 천장을 형성한다. 그 뒤로 다섯 개의 손허리뼈(중수골)와 손가락뼈(지절골)가 이어진다. 손허리뼈와 손가락뼈는 절구관절인 중수지관절(손가락의 첫째 관절)로 연결된다. 손가락은 각각 세 마디로 나뉘는데, 엄지손가락만 예외적으로 두 마디로 나뉜다. 각 마디는 경첩관절인 손가락관절로 연결된다. 이 모든 수많은 개별 부위와 관절들로 구성된 다소 복잡한 설계도는 완전히 환상적인 결과물을 만들어낸다. 우선, 여러 부분으로 나뉜 덕에 우리는 글자를 쓰고 피아노를 치고 망치를 잡고 혹은 주먹을 쥘 수 있다. 손가락이 하나의 길고 뻣뻣한 뼈로 이루어졌더라면, 우리는 나무인형 피노키오처럼 이 모든 동작을 할 수 없었으리라.

우리의 손은 매우 다재다능한 도구인 동시에 미적으로도 탁월한 걸작이다. 손의 우아함과 아름다움을 발견하고 싶다면, 파리 7지구 루드바레네에 있는 로댕박물관을 방문해보길 권한다. 프랑스 조각가 오귀스트 로댕(1840~1917)이 괜히 손 조각가로 통하는 게 아니다. 그는 〈신의 손〉, 〈피아니스트의 손〉, 〈대성당〉, 〈두 손〉 등 수많은 손 조각 작품을 완성했다. 로댕은 자신의 손 조각 작품으로 인간의 감정, 고뇌, 희망 혹은 절망을 훌륭하게 표현해냈다.

나는 조각공원에서 이런 작품들을 관람할 때마다 만지고 싶은 충동을 간신히 억누른다. 인체에서 손보다 더 다재다능한 부위는 없다. 우리는 손으로 거친 동작을 할 수도 있지만, 아주 미세한 동작도 할 수 있다. 그리고 손바닥, 특히 손끝에는 수많은 촉각수용체와 감각수용체가 있어 매우 예민하다. 이런 특징은 맹인들이 점자를 읽을 때 도움이 된다. 볼록 솟은 점들을 따라 빠르게 움직이는 그들의 손가락은 매우 인상적이다.

나는 한동안 손에 완전히 매료되어 수부외과 의사가 되고자 했었다. 1996년에 파리에서 공부할 때, 로댕박물관을 정기적으로 방문했기 때문만은 아니었다. 당시 내가 청강했던 파리수드대학의 크레믈랭비세트르 대학병원에서는 손수술이 대대적인 기념행사처럼 치러졌다. 수술실에서는 클래식음악이 흘렀다. 나는 그 까닭을 물었고, 뜨악한 눈길을 받았다. 그 모든 것이 존경의 표시라고 했다. 손에 대한 특별한 숭배!

잘 빚어진 손보다 더 우아하고
아름다운 작품이 있을까?

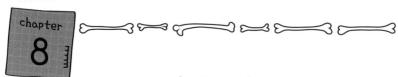

다리 - 골반과 발 사이

하체를 두루 살피는 우리의 여행은 골반에서, 그러니까 배와 다리 사이에서 시작된다.

뒤쪽의 엉치뼈(천골)와 앞쪽에 좌우대칭으로 있는 장골로 구성된 둥근 모양의 골반은, 이른바 천장관절을 통해 척추와 연결된다. 이 관절은 가동성이 낮아서 골반은 안정된 자세를 취한다. 또한 골반은 다리와 연결되어 우리 몸의 중심축이 되는 동시에, 삽 모양의 넓적한 뼈와 깔때기 모양의 둥근 형태를 가진 구조 덕분에 내부 장기를 매우 효과적으로 보호한다. 그러므로 교통사고나 노년기의 낙상사고 때 골반에 골절이 생기면 언제나 가장 주의가 필요하다.

미국 드라마 〈시에스아이: 뉴욕〉 팬들이 아는 것처럼, 해부학자와 강력계 형사는 골반을 보고 성별을 특정한다. 남성의 골반은 상대적으로 좁고, 깊고, 단단하다. 반대로 여성의 골반은 남성보다 두드러지게 더 넓은데, 특히 골반의 하부 출구가 넓다. 그것은 당연한 일이다. 골반은 산도에 속하고, 제왕절개가 아닌 이상 모든 아기는 이곳을 통과해야 세상의 빛을 볼 수 있기 때문이다. 여성의 골반 하부가 특별히 넓다 하더라도, 아기가 쉽게 '슈웅' 하고 이곳을 통과하지는 못한다. 대부분의 엄마들은 분만의 고통에 대해 끝도 없이 얘기할 수 있으리라.

인간은 걷기 위해 좁은 골반이 필요하지만, 진화와 함께 뇌가 더 커졌고 그래서 머리도 더 커졌다. 산부인과 의사는 이것을 '출산 딜레마'라고 부른다. 자연은 이 문제를 우아하게 해결하려 시도했다. 한편으로 여성의 골반을 남성보다 더 넓게 만들고, 임신 기간에 골반의 인대가 느슨해져서 더 넓어지게 했다. 다른 한편으로 아기의 머리뼈

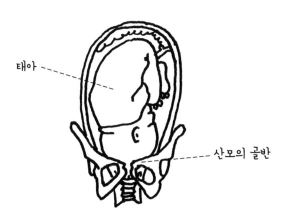

태아

산모의 골반

태아는 산모의 골반 안에서 몸을 잔뜩 웅크리고 있다.

를 극단적으로 변형할 수 있게 하고 뇌의 주요 성장이 출생 이후에 시작되게 했다. 골반 인대와 천장관절이 느슨해지는 것은 여성에게 저주이면서 동시에 축복인데, 그것이 분만을 쉽게 해주긴 하지만 임신 기간에 심한 골반 통증을 유발할 수 있기 때문이다.

좌우에 대칭으로 있는 장골은 골반의 일부다. 둥글넓적하고 움푹 파인 형태의 장골은 대퇴골(넙다리뼈)과 연결된다. 즉, 장골의 오목면과 공 모양의 대퇴골두가 고관절에서 만난다. 고관절은 우리 몸에서 두 번째로 큰 관절로서 놀랍도록 다재다능하다. 고관절은 세 가지 가동성으로 자유롭게 움직일 수 있는 절구관절이다. 상하로 굽히고 펴기, 좌우로 기울이기, 회전하기를 할 수 있다. 우리는 마라톤을 할 수 있고, 네 시간씩 오케스트라 연주를 보며 앉아 있을 수 있고, 한 시간 넘게 쪼그리고 앉아 하수관을 고치려 애쓸 수 있다. 결국 신경질을 내며 포기하고 배관공을 부르게 되지만, 그것은 우리의 고관절 때문이 아니라 배관기술이 복잡하기 때문이다.

진화와 직립보행으로 고관절에 미치는 하중이 아주 높아졌다. 우리의 원숭이 조상들은 여전히 체중을 사지에 분배하는 반면, 우리 인간은 이제 고관절과 무릎관절이 전체 체중을 지탱해야만 한다. 베를린 샤리테병원의 율리우스볼프연구소의 발표에 따르면, 걸을 때 골반과 무릎이 지탱해야 하는 하중은 체중의 약 2.5배나 된다. 달릴 때는 강도가 더 세다. 다음의 수치를 보면 고관절과 무릎관절이 감당해야 할 부담이 얼마나 높은지 쉽게 상상할 수 있다. 가령 체중이 76킬로그램인 사람이 계단을 오르면, 계단 하나당 191킬로그램이 고관절을 누르고 240킬로그램이 무릎관절을 누른다! 이러니 우리 몸에서 무릎관절과 고관절에 가장 탈이 많이 나고, 가장 쉽게 마모되는 것은 어쩌면 당연한 일이다.

대퇴골과 하퇴골을 연결하는 무릎관절은 우리 몸에서 가장 복잡한 관절이다. 여기서 대퇴골, 하퇴골 그리고 슬개골(무릎뼈), 세 뼈가 동시에 만나기 때문이다. 무릎관절은 경첩관절이지만 옷장문의 경첩보다 많은 일을 할 수 있다. 무릎관절은 굽히고 펴기 외에도 가볍게 돌리기가 가능하다. 우리는 서서 무릎을 완전히 뻗을 수 있다. 이처럼 관절이 일직선으로 '고정'될 수 있기 때문에 근육의 힘을 많이 쓰지 않고도 오래 서 있을 수 있다. 반면, 원숭이의 고관절과 무릎관절은 일직선으로 고정될 수 없기 때문에, 원숭이들은 서 있는 상태에서 계속 균형을 잡느라 애써야 한다. 그리고 이것은 힘이 아주 많이 들기 때문에 원숭이들은 오랫동안 서 있을 수가 없다.

무릎관절에는 완충제 구실을 하는 반달 모양의 연골판이 두 개 있는데, 그 모양 때문에 반월상연골판이라 불린다. 이 물렁뼈는 충격을 완화할 뿐만 아니라 관절에서 뼈와 뼈가 직접 접촉하지 않게 해준다. 그리고 전방 십자인대와 후방 십자인대가 무릎의 안정성을 책임지는데, 우리는 십자인대가 파열되거나 무릎관절이 불안정할 때라야 비로소 그 존재를 인식한다. 또 다른 인대들이(내측 측부인대와 외측 측부인대) 안과 밖에서 무릎의 모든 것이 제자리에 있도록 잘 잡아주고,

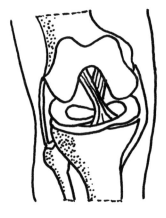

· 무릎관절의 반월상연골판 ·
내측·외측 반월상연골판이 충격 완화를 담당하고
십자인대가 안정성을 마련한다.

튼튼한 관절낭이 관절을 감싸고 있다.

무릎은 또한 정상적인 다리 상태에 중요한 구실을 한다. 자동차의 균형 점검과 대략 비슷하다고 생각하면 된다. 최근에 자동차에 어떤 충격도 가하지 않았다면(큰 충돌의 경우 종종 차축이 기운다), 자동차 바퀴의 균형은 정상 상태에 있다. 균형에서 벗어난 모든 변화는 이상적인 정상 상태에서 이탈한 것이다. 인간의 경우 정상적인 다리 모양은 대퇴골두, 무릎관절, 발목관절이 모두 중앙에 일직선으로 있다. 지금 당장 당신의 다리 모양을 점검해보자. 키 재는 긴 자를 꺼내 당신의 고관절 앞 중앙에 대보라. 대퇴골두, 무릎관절, 발목관절이 곧게 일직선이면, 당신은 이상적인 다리 형태를 가졌다. 무릎이 자보다 바깥으로 기울었으면 당신은 X자 다리이고 안쪽으로 기울었으면 O자 다리이다.

나중에 다시 다루겠지만, O자 다리나 X자 다리 같은 기형은 문제를 일으킬 수 있다. 균형이 맞지 않는 자동차와 똑같이, 하중이 한쪽으로 쏠려 더 빨리 마모된다. 자동차는 타이어가 마모되지만, 사람이라면 연골조직과 뼈조직이 마모된다.

하퇴골을 구성하는 정강이뼈와 종아리뼈는, 발목관절 쪽으로 자전거포크bicycle fork처럼처럼 Y자로 갈려 발을 감싸고 발목관절 윗부분을 형성한다. 이 경첩관절 덕분에 우리는 발을 위로 끌어당기고 아래로 밀 수 있다. 발에는 각각 26개의 뼈가 있고, 손과 비슷하게 골격 전체의 약 4분의 1을 차지한다. 여기에 수많은 작은 근육과 인대들이 더해진다. 발은 작은 뼈 일곱 개로 구성된 뒤꿈치뼈에서 시작된다. 뒤

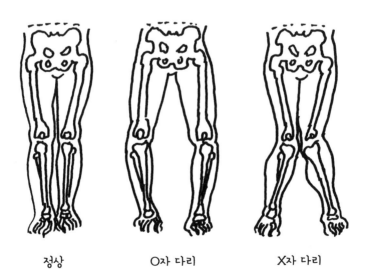

정상   O자 다리   X자 다리

꿈치뼈에 중간발뼈가 연결되고 여기에 다시 발가락뼈가 연결된다. 엄지발가락은 엄지손가락과 마찬가지로 두 마디로만 구성되고, 나머지 네 발가락은 세 마디로 구성된다. 발가락의 첫째 관절은 절구관절이고(그래서 당신은 약간만 연습하면 발가락을 돌릴 수 있다), 둘째 관절과 셋째 관절은 단순한 경첩관절이다.

발의 구조는 대단하다! 가로 아치와 세로 아치 형태의 발은 몸을 지탱하고, 서고, 뛰고, 달릴 수 있다. 말하자면 발은 우리 몸의 기반인 동시에 모든 동작의 열쇠다. 발의 아치 구조는 출입구 혹은 대문이나 창문 위에 스스로 지탱하며 펼쳐져 있는 아치 건축구조와 유사하다. 우리 발의 두 아치는 발 인대에 의해 수동적으로, 발 근육에 의해 능동적으로 지탱된다.

최적의 세로 아치와 가로 아치를 가진 '이상적'인 발에는 주요 압점이 세 개 있다. 뒤꿈치, 발 안쪽, 발 바깥쪽. 이 세 점은 삼각형을 형성하고, 다리가 셋인 스툴처럼 어떤 곳에서든 흔들림 없이 안정적이다. 신발 치수가 300이 넘는 발이라도 오로지 이 세 점이 만들어내는 작은 면에 의존한다. 해변에 가면 아주 다양한 발자국을 볼 수 있다. 샤워 뒤에 욕실 바닥에 남은 젖은 발자국도 마찬가지다. '이상적인' 발은 발자국에 뒤꿈치, 둥근 모양의 발바닥 반절 그리고 발가락 다섯 개가 나타난다, 세로 아치는 발자국에 나타나지 않는다. 오목발이나 평발은 발자국 모양이 정상과 다르다. 평발의 경우 세로 아치 없이 발바닥이 평평해서 발바닥 전체가 발자국에 남는다. 오목발의 경우

는 세로 아치가 극단적으로 움푹 파인다. 정형외과에서는 족인기
pedograph를 이용해 발의 압력 분포를 측정하여 걸음걸이를 분석하고,
기형 혹은 편중된 하중을 발견하고 치료한다. 손바닥과 비슷하게 발
바닥에도 수천 개의 작은 수용체가 있다. 이들은 골격이 느닷없는 충
격에 등골이 오싹해지지 않도록 바닥 상태에 대한 피드백을 보낸다.
말하자면 우리는 발에 아주 고유한 ABS장치(잠김방지제동장치)와 ESP
장치(전자식 주행안정프로그램)를 가진 셈이다. 게다가 우리 몸의 이런
장치는 정기적인 업데이트가 필요 없고 하드웨어 고장도 없다.

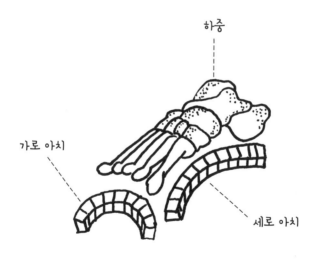

· **발의 구조** ·

가로 아치와 세로 아치 덕분에, 발에 가해지는 하중이 최적으로 분산된다.

발자국은 세로 아치와 가로 아치가 최적으로 '건축'되었는지 보여주고, 발 모양에 대한 정보도 준다. 두 번째 발가락이 가장 긴 발은 그리스 유형이고, 엄지발가락이 가장 두드러지면 이집트 유형, 발가락 길이가 똑같으면 로마 유형이다. 잡지들은 발가락 모양으로 여러 가지를 분석해낸다. 예를 들어 엄지발가락이 길면 성격이 강하고 지적이며 섹시한 매력이 있다. 그러나 나는 건강한 발을 훨씬 중요하게 여긴다. 발은 우리와 땅의 연결고리이고, 안정적이고 좋은 상태는 언제나 '힘찬 발걸음'을 약속하기 때문이다.

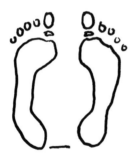

'이상적인' 발자국에는
세로 아치가 생략된다.

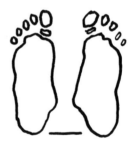

평발인 경우
세로 아치가 두드러진다.

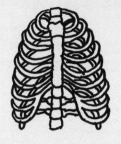

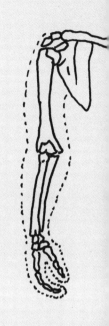

인생 사이클과 뼈 건강

- 연령대별 질병 -

어쩌면 지금쯤 이런 의문이 들 수도 있다. 그렇게 기발한 원리로 구성된 운동계에서 왜 그렇게 많은 질병과 문제가 생기는 걸까? 답은 아주 간단하다. 인간이 너무 오래 살기 때문이다! 30년 뒤쯤 클래식 자동차라는 도장이 찍힐 자신의 첫차를 죽을 때까지 몰 수 있을 거라 확신하는 사람은 아무도 없다. 그러나 우리는 바로 그것을 운동계에게 기대한다. 또한 아주 당연하게 정기적으로 정비소에서 점검을 받는 자동차와 달리, 운동계는 정기검진을 받지 않고, 그런 점검 없이도 몸이 잘 견뎌주기를 바란다. 우리 몸에 대해서도 자동차처럼 점검표가 있다면 얼마나 좋을까…….

우리가 파리채를 휘두르지 않는 한 파리는 2~3주를 살고, 햄스터는 2~3년을 살지만, 2015년에 독일에서 태어난 사내아이는 평균적으로 77세까지 살고 여자아이는 심지어 82세까지 산다. 인간은 가장 오래 사는 종이다. 비록 참나무의 수명이 수천 년이긴 해도, 아무도 참나무와 운명을 바꾸고 싶진 않을 것이다. 평생 한 자리에 뿌리가 박힌 채 옴짝달싹 못하는 참나무로 살고 싶진 않을 테니까.

세월이 갈수록 우리 인간에게 문제가 생긴다. 오늘날 우리가 걸리는 많은 병을 우리 조상은 모르고 살았다. 단순하고 납득할 만한 이유가 있다. 중세시대에는 평균수명이 고작 40세 이하였다. 그 후로 지역적 차이는 있지만, 평균수명은 계속 늘어났다. 2016년에 모나코의 평균수명은 89.5세였지만 차드공화국은 50.2세였다. 영양, 보건, 의료, 개선된 노동조건 그리고 운동으로 인해 특히 서구세계에서 기대수명이 눈에 띄게 상승했다. 의사 초년생 시절에 내가 85세 환자에게 인공고관절 수술을 처방했더라면, 모든 마취과의사가 나를 정신이상자로 여겼을 테지만, 이제는 그런 처방이 드문 일이 아니다. 그러나 그런 수술을 거뜬히 이겨내는 아주 건강한 노인이 있는 반면, 다리뿐 아니라 여러 관절에 마모 현상과 중병을 가진 젊은이도 있다. 관절 건강은 생활방식과 관련이 있고, 어떤 유전적 조건을 가지고 태어났는가도 관련이 있다.

고약한 것은 우리의 몸이 지금도 여전히, 수명이 비교할 수 없을 정도로 짧았던 우리의 조상들과 똑같은 요소로 구성되었다는 점이다. 이것이 흥미로운 질문을 유발한다. 인간의 반감기는 얼마나 될까? 혹은 달리 물으면, 신체 능력이 언제 최고점에 도달하고 언제부터 내리막일까? 종종 그렇듯이, 이때 스포츠가 열쇠를 준다. 100미터 육상 세계기록 보유자는 우사인 볼트다. 그는 23세 전성기에 2009년 베를린 세계육상대회에서 9.58초를 기록했다. 그는 다시는 이 속도로 달리지 못했다. 2016년 리우올림픽에서 9.81초로 금메달을 땄고, 2017년 8월에는 런던에서 9.95초로 저스틴 개틀린Justin Gatlin(9.92초)과 크리스찬 콜먼Christian Coleman(9.94)에 이어 3등으로 마지막 경주를 마쳤다. 볼트가 패배한 첫 번째 결승이었다. 거의 31세가 된 그는 예전 전성기 실력을 낼 수 없었다.

독일 축구선수 바스티안 슈바인슈타이거Bastian Schweinsteiger는 2014년에 30세로 월드컵 우승자였고 최고 전성기를 누렸다. 그는 2015년에 맨체스터 유나이티드로 이적했고 2년 뒤에는 미국 시카고 파이어로 갔다. 비판적으로 보면, 그것은 마치 예전 최고 실력에서 단계적으로 멀어지는 것처럼 보인다. 아무리 늦게 잡아도 30세가 되면 신체 능력의 최고점을 넘는 것 같다. 예외적으로 30세 이후에도 여전히 성공적인 소수 몇몇 프로 선수들이 있다. 특히 전략, 경험, 정신력이 중요한 구실을 하는 테니스, 탁구, 골프, 사격, 승마 같은 운동이 예외에 속한다. 2017년 35세에 윔블던대회에서 우승한 로저 페더러Roger Federer를 생각해보라. 그러나 육상이나 수영 같은 순수 기록 스포츠에서는 그 무엇으로도 약해지는 체력을 보완할 수가 없다.

비단 엘리트 선수만이 아니라 우리 같은 보통 사람도 그러하다. 30세부터 내리막이 시작된다. 긴 성장 기간인 아동기와 청소년기 뒤에 20~30세 사이에 신체 능력이 최고치에 도달한다. 그 후에 단계적으로 떨어진다. 그리고 호르몬 분비에 변화가 생기는 40대 말에 여성의 경우 폐경기, 남성의 경우 갱년기가 시작된다. 노화는 질병이 아니라 정상적인 과정이다. 흥미롭게도 우리가 늙는 정확한 원인은 지금까지 과학적으로 확실하게 해명되지 않았다. 단순하게 표현해서, 우리가 언젠가는 다음 세대에게 자리를 내주어야 한다는 진화이론이 가장 타당한 설명처럼 보인다. 노화는 당연히 운동계에서뿐 아니라

(운동계에서는 예를 들어 근육량과 골밀도가 줄어든다) 신체 전체에서 나타난다. 몇몇 사례를 들자면, 결합조직의 강도가 떨어지고 시력과 청력도 떨어진다.

인생 단계마다 강점과 약점이 있다. 어린이들은 성장하는 동안 어른과 완전히 다른 문제를 겪는다. 이 문제를 진지하게 다루지 않으면, 몇 년 뒤에 부정적인 결과를 낳을 수 있다. 앞에서 했던 자동차 비유로 다시 돌아가면, 나는 자동차 정기검사 같은 '의료 정기검사' 제도의 도입을 진심으로 지지한다. 주행거리, 그러니까 나이에 따라 다양한 기능이 점검될 것이고, 필요하다면 마모된 부속을 교체하고, 다른 부속들도 정기적으로 점검할 것이다. 현재 유아기와 아동기에는

·인생 사이클·

어린아이일 때는 도움에 의존하고, 성년이 되면 힘과 자립성의 최고점에 도달한다. 그다음 노인이 되면 다시 도움에 의존한다.

이런 순수한 점검이 있지만, 특정 나이부터 그냥 중단된다.

실제로 나이별로 특별한 문제가 있기 때문에, 나는 어린이 환자와 어른 환자 그리고 그들의 부모나 가족이 관심을 가질 만한 일종의 '베스트 질문 목록'을 만들었다. 그것은 결코 완전한 목록이 아니다. 그저 내가 일상적으로 자주 받는 질문들을 기반으로 정리한 목록이다. 밤에 파티에 가거나 평소 사람들을 만났을 때, 내가 정형외과 의사라는 사실이 알려지면 사람들은 짧은 무료 상담 기회를 이용하고자 한다. 대부분의 사람들은 거리낌 없이 화장실까지 따라와서 내게 아픈 발을 보여주거나 아픈 허리를 내보인다. "왜 **하필이면 그곳이** 아픈지 잠깐 살펴봐주시겠어요?" 한쪽에서는 생면부지의 사람에게 아픈 곳을 보여주고 손가락으로 몸 어딘가를 찔러보게 하는 동안, 다른 쪽에서는 사람들이 아무렇지 않게 손을 씻고 말린다. "뭐가 문제인지 **틀림없이** 아실 겁니다!" 그러면 그동안 여러 의사들이 이미 고개를 갸웃거리며 실패했을 진단을, 늦은 밤 화장실의 흐린 불빛 아래에서 혈중 알코올 농도 0.05% 상태에서 설명해야 한다.

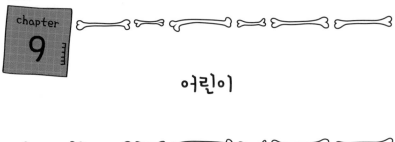

어린이

나는 전공의 시절에 에센대학병원 소아정형외과에서 1년 동안 수련하는 행운을 누렸다. 소아정형외과는 매력적인 분야다. 아이들의 정형외과 질병을 치료해보면, 비로소 어른의 여러 질병을 제대로 이해하게 된다. 예를 들어, 고관절 마모는 성인기에 갑자기 그냥 생기는 경우는 드물다. 성인기의 고관절 마모는 대개 소아기의 대퇴골두 무혈성 괴사나 성장점의 밀림 혹은 아동기와 청소년기의 관절 뒤틀림이 원인이다.

그러나 내게 가장 강한 인상을 남긴 것은 질병이 아니라 어린 환자들이었다. 그들은 정말로 아주 용감하고 멋지게 질병을 이겨냈고, 무엇보다 그들은 빨리 다시 건강해져서 맘껏 뛰어놀 수 있었다. 앞에서 말했듯이, 아동기와 청소년기에 원인이 있는 질병이 있다. 또한 어린이에게만 생기는 질병(더 정확히 말하면 증상)도 있다. 그러나 사실 이것은 질병이 아니다. 걱정 많은 부모의 눈에 질병이나 기형으로 보일 뿐 그렇지 않은 경우가 대부분이다.

교정기구가 독서장애에 도움이 될까?

정형외과와 전혀 상관없는 자식의 문제를 병원에 와서 내게 상담하는 부모들을 자주 만난다. 아이가 학교에서 공부를 썩 잘하지 못한다, 특히 책을 잘 못 읽는다, 공부할 마음이 아예 없는 것 같다 등등. 부모들은 이러한 문제의 해결방법을 찾을 때, 대략 다음과 같이 생각하는 것 같다. 일단 맨 밑에서 시작해보자. 발이 문제일 수 있으니 정형외과에 가서 확인해보자. 교정기구를 끼면 뭔가 달라지지 않을까? 부모들은 이런 식으로 너무 일찍 앞서간다. 정말로 교정기구가 필요한 아이들은 아주 극소수에 불과하다! 게다가 교정기구는 독서장애를 개선하지 못할뿐더러 공부에 흥미를 느끼게 하는 데도 도움이 안 된다.

간혹 공을 잡을 수 없거나 뒤로 걷지 못하는 아이들이 있다. 몸통의 근육구조가 나쁘고 게다가 어깨가 처지고 등이 굽은 아이들도 있다. 여기에 위에 언급한 공부 문제가 더해지면, 부모에게는 무시할 수 없는 신호가 된다. 사랑하는 아이의 발에 뭔가 문제가 생긴 것 같다는 의심을 한다. "혹시 외반편평족인가 뭔가 하는 그것 때문일까?"

많은 아이가 외반편평족을 가졌다. 그러나 대부분 큰 문제가 아니고, 무엇보다 소문이 무성한 이런 발 기형은 사실 아이들이 걸음마를 시작한 뒤에 겪는 아주 정상적인 발달단계이다. 이때 뒤꿈치가 바깥으로 휘어서, 뒤에서 보면 X자 형태로 보이는데, 그것이 '외반족'이다. 발 안쪽의 세로 아치가 아직 편평해서 안쪽 발바닥이 바닥에 닿기 때문에, 여기에 평발 요소가 더해진다. 그러나 아무리 늦어도 사춘기에는 외반편평족이 저절로 없어진다. 발의 세로 아치가 이때 형성되기 때문이다.

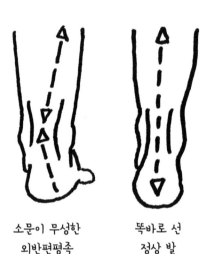

소문이 무성한
외반편평족

똑바로 선
정상 발

외반편평족이 통증을 유발하거나 사춘기가 지났는데도 없어지지 않으면, 의사의 진찰과 치료가 꼭 필요하다. 발끝으로 서보면 간단히 확인할 수 있다. 까치발로 섰을 때 세로 아치가 곧게 펴지면 외반편평족을 걱정하지 않아도 된다. 한마디로, 아이들에게는 외반편평족 기본권이 있다! 아이들에게 심심할 기본권이 있는 것처럼 말이다. 스마트폰이나 컴퓨터로 아이들의 심심할 기본권을 침해할 필요가 없는 것처럼, 아이들의 외반편평족 기본권을 교정기구로 침해하지 말고 차라리 자연스럽게 움직이도록 격려하자. 달리기, 걷기, 밖에서 놀기.

문제는, 부모들이 내 말을 믿지 않는 것이다. 아이가 책을 못 읽는 데는 틀림없이 뭔가 원인이 있을 거라고 우긴다! 백번 양보해서, 도대체 교정기구가 독서장애를 없애는 데 무슨 효과가 있단 말인가? 병원에서의 대화는 대략 다음과 같이 진행된다.

의사: 기쁜 소식이에요. 레온은 교정기구를 차지 않아도 됩니다.

호랑이 엄마: 먼저 갔었던 정형외과에서도 그렇게 말했습니다만, 우리 애는 제가 잘 알아요. 우리 애는 교정기구가 꼭 필요합니다.

의사: 발이 문제가 아니에요. 운동이 더 급합니다. 레온은 살짝 과체중이에요. 운동을 하면 자세도 좋아질 것이고 어쩌면 집중력 문제도…….

호랑이 엄마: 그런 발로는 운동을 할 수가 없어요! 그러니 역시 교정기구를 차야 해요. 일단 교정기구를 차면 덜 피곤해하고 산만

함도 줄어서 마침내 읽기도 잘할 겁니다.

밖에서 놀고 운동하는 것이 최고의 해결책이라고 설득하면 호랑이 엄마는 초조한 얼굴로 내 설명에 귀를 기울이고 심지어 고개까지 끄덕이지만, 교정기구를 차야 한다는 기본 입장에는 조금도 변함이 없다. 이런 경우 나는 싸움을 피하기 위해 결국 요청대로 교정기구를 처방한다. 교정기구는 해를 끼치지 않지만 환자 보호자에게 폭행당한 의사 이야기는 종종 기사로 나니까.

자동차 비유를 이어가면, 걱정 많은 부모들은 문을 제대로 닫을 수 없는데 타이어를 교체하려고 한다. 당연히 타이어를 교체하더라도 문은 계속해서 제대로 닫히지 않는다.

그렇다면 아이들은(그리고 어른들도) 건강한 발과 좋은 자세를 위해 무엇을 할 수 있을까? 마법의 주문은 '주의'이다. 현대 문명사회에서 우리의 발은 그림자 존재로 산다. 신발 안에 비좁게 갇힌 채 거의 관심을 받지 못한다. 맨발로 걷기는 발에 매우 좋다. 신발이 제공하는 수동적인 지지가 없어져, 발의 소근육들이 강해지기 때문이다. 발가락을 오므렸다 펴기 그리고 발끝으로 걷기 같은 발운동 역시 발근육을 강화하고 발의 건강한 발달을 지원한다. 게다가 발운동이 실제로 효과를 내든 진정 효과만 주든, 어쨌든 이것을 위해 힘든 대가를 치르지 않아도 된다. 머리말에서 이미 밝혔듯이, 나는 어렸을 때 발가락으로 구슬을 집어 유리항아리에 넣어야만 했었다. 1970년대에는 아직 그런 방식이 외반편평족 치료법으로 널리 퍼져 있었다.

정상적인 발달단계가 아닌, 장기적이고 심각한 기형을 막는 최고의 방법은 스포츠, 운동, 균형 잡힌 영양 섭취다. 그러나 바로 여기에 문제가 있다. 몇 년 사이에 과체중 아동 수가 급격히 증가했다. 스포츠와 관련해서도 여러 학교가 체육시간을 단축했고, 미디어에서는 벌써 '체육 무능력자'에 대해 얘기한다. 그러나 반대편에는, 여섯 살에 벌써 스포츠 대회에 나가고, 일주일에 다섯 번씩 훈련하는 아이들이 있다. 정형외과적으로 볼 때 당연히 이것 역시 좋지 않다. 최근에 나는 두 가지 스포츠를 일주일에 총 아홉 번씩 훈련하는 아이의 부모와 스포츠의학 상담을 한 적이 있다. 일주일이면 7일인데 어떻게 아홉 번을 훈련할 수 있냐고, 나는 놀라서 물었고, 아홉 살 아이가 주중에 체조 다섯 번, 축구 네 번을 훈련해서 대부분 하루에 연달아 두 가지 스포츠를 해야 한다는 대답을 들었다. 언제나처럼 올바른 길은 황금의 중도일 것이다. 스포츠는 분별 있게 적당히 했을 때 근육, 자세, 협응력 그리고 사회적 능력을 지원한다. 교정기구만으로는 이 모든 것을 절대 해결할 수 없다!

⇒ 결론

- 교정기구는 독서장애, 집중력장애, 의욕부족 개선에 아무런 도움이 안 된다.
- 오히려 스포츠와 운동이 더 큰 효과를 낼 수 있다.

- 맨발로 울퉁불퉁한 길을 걷고 뛰면 발근육이 강화된다. 어른의 발근육도 마찬가지다.
- 호랑이 엄마를 조심하라!

우리 아이는 왜 X자 다리로 걸을까?

어린아이가 X자 다리로 병원에 왔다. 마치 서커스 무대에서 곡예를 선보이듯 심한 안짱다리였다. 당연히 부모는 걱정스럽게 물었다. "우리 아이는 왜 저렇게 X자 다리로 걸을까요? 정상이 아닌 게 확실해요!"

이 물음에 가장 간단한 대답으로 정형외과에서 자주 쓰는 유명한 표어가 있다. "어린이는 결코 작은 어른이 아니다." 성장하는 몸은 전혀 다른 규칙을 따르고, 전혀 다른 치료법을 요구한다. 정서적인 면만 보더라도 어린이는 자신의 질병에 어른과는 다르게 반응한다. 문제를 근본적으로 다루려면 인내, 시간, 감정이입 능력이 필요하다.

정형외과 면에서 어린이는 거의 모든 것이 어른과 다르다. 아기는 O자 다리로 걷기 시작하고 이것은 두 살 때까지 유지된다. 그다음 X자 다리로 바뀐다. 여덟 살에서 열 살까지 X자 다리로 걷는다. 부모의 걱정은 충분히 이해되지만, 이것은 완전히 정상적인 발달이고 의학에서는 '생리학적'이라고 부른다. 나 역시 두 딸을 보면서, 30미터도 채 못 가서 제 발에 걸려 넘어질 것만 같아 조마조마했었다. 걷는 모습이 정말로 걱정을 불러일으킬 만하다.

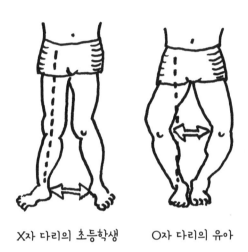

X자 다리의 초등학생　　O자 다리의 유아

　X자 다리는 대퇴골두 중앙에서 발목관절 중앙에 이르는 직선 축이 무릎관절의 중앙을 통과하지 않고 무릎 바깥으로 통과한다(앞에서 긴 자로 확인한 것과 같다). 아동기에 X자 다리가 되는 까닭은 성장하면서 점차 대퇴경부의 각도가 어른의 각도로 자리를 잡는 데 있다. 처음에는 대퇴경부가 많이 기울어져 있고 앞쪽으로 돌려져 있다. 그럼에도 대퇴골두는 고관절 중앙에 있어야 하므로, 아이들은 다리를

안쪽으로 돌리게 되고 그렇게 X자 다리로 걷게 되는 것이다. 여기에 앞에서 언급한 극히 정상적인 외반편평족이 추가되어 'X자처럼 보이는' 인상을 더욱 강화한다. 의사의 말을 빌리면, 이 나이대의 아이들 몸에 '이와 벼룩'이 있는 게 당연하듯, 이상해 보이는 걸음걸이 역시 기형이 아니라 정상적인 발달단계이다. 이때도 발끝으로 걸어보는 것이 아주 좋은 테스트이다. 까치발로 걸으면 외반편평족이 사라지고, 걸음걸이도 즉시 괜찮아 보인다.

만약 한쪽 다리만 X자이고, 다른 쪽 다리는 곧다면 그것은 정상적인 발달이 **아니다.** 자연은 정형외과 의사를 위해 아주 유용한 것을 고안해두었다. 바로 대칭이다! 언제나 양쪽이 서로 같아야 한다. 이와 관련하여 신생아의 골반 초음파검사가 중요한데, 그것은 골반이 제자리에 잘 자리 잡았는지 아니면 골반교정용 바지를 입혀 치료해야 하는지를 보여준다.

대략 14~16세가 되면 비로소 다리 축이 영구적으로 자리를 잡는다. 그러면 대퇴경부의 각도가 바로 선다. 다리 축이 자리를 잡은 청소년의 부모는 아주 간단하게 아이의 상태를 검사해볼 수 있다. 뒤꿈치를 붙이고 발끝을 살짝 바깥으로 벌리고 섰을 때, 손가락 한두 개정도 들어갈 만큼 무릎관절이 벌어졌으면, 모든 것이 정상이다.

그러므로 성장기에 잠시 나타나는 O자와 X자 다리는 치료할 필요 없고, 교정기구 처방도 꼭 필요한 게 아니다. 그보다는 아이들의 운동계를 정기적으로 점검하는 것이 훨씬 더 중요하다. 아이의 척추가 심하게 굽었는데도 병원을 찾지 않는 부모를 나는 자주 본다. 정상적인 발달단계는 불안한 눈으로 살피면서, 심각한 기형은 그냥 지나쳐버린다. 얼마 전에 어떤 부모가 딸의 X자 다리 때문에 병원에 왔다. 그러나 진료실에 들어서는 순간 벌써 심하게 굽은 척추가 먼저 눈에 띄어, 이들이 정말로 X자 다리 때문에 온 게 맞나 의심이 들 정도였다. 여기서도 조기 발견은 '알파이자 오메가이다'. 굽은 척추는 나중에 직업 선택에도 영향을 미치기 때문이다!

⟹ 결론

- 아이의 O자 혹은 X자 다리를 걱정하지 마라. 그것은 여러 발달단계 중 하나이다.
- 아이의 성장을 정기적으로 점검하라.
- 그리고 명심하자. 어린이는 결코 작은 어른이 아니다!

아이들 골반에서 왜 콧물이 흐를까?

일과성(일시적인 것) 고관절 활액막염. 일명 '골반 코감기'라 부르는 이 병은 도대체 뭘까? 골반이 재채기를 하고 콧물을 흘린단 말일까? 처음 듣는 얘기인가? 골반 코감기는 희귀한 일이 아니다. 골반 코감기란, 열 살 이하의 소아 고관절에 생기는 단기 염증을 뜻한다. 골반 코감기에 걸리면 갑자기 통증이 생기고 걷기가 힘들다. 정형외과에는 '무릎이 아프면 골반을 살펴라'라는 오랜 규칙이 있는데, 이 규칙대로 고관절에 생긴 염증이 무릎에 통증을 유발할 수 있다. 그러면 걷기가 아주 힘들고, 혈액 수치가 정상임에도 초음파에서 출혈이 보인다. 여러 주 전에 앓았다가 회복된 지 오래여서 아이도 부모도 잘 이겨냈다고 확신했던 설사나 기관지질환이 종종 원인이다. 그러므로 통증의 원인을 밝혀내기 위해서는 의사의 명확한 진단이 필요하다. 진단이 내려지면, 치료는 아주 간단하다. 침대에 누워 편하게 쉬면서 진통제를 먹으면 된다. 10~14일이 지나면 모든 것이 끝난다. 골반 코감기는 고전적인 감기와 똑같이 진행된다. 3일 동안 오고, 3일 동안 머물고, 3일 동안 떠난다.

이런 고관절 질병은 의사의 진찰이 정말로 중요하다. 특히 아이들의 경우, 이런 질병은 언제나 신속하게 진단되어야 한다. 소아정형외과 질병 대부분이 골반에서 생기는데, 게다가 이것은 성인기의 고관절 마모를 야기할 수 있다. 고관절 이형성증(고관절의 기형), 페르테스병(혈액순환장애로, 대퇴골두의 뼈조직이 괴사한다), 대퇴골두 골단분리증(와플 위에 올린 아이스크림처럼 대퇴골두가 뒤쪽으로 밀린다) 등이 있는데, 이런 질병은 일찍 발견하면 쉽게 치료할 수 있다. 간단한 테스트가 종종 도움이 된다. 환자를 눕히고 다리를 접어 발을 무릎 옆에 댄다. 그러면 골반과 무릎이 굽혀진다. 그다음 접힌 다리를 바닥 쪽으로 누르면, 위에서 볼 때 숫자 4 모양이 된다. 이 자세가 안 되면, 골반을 검사해야 한다.

·4자 모양·

접힌 다리를 바닥 쪽으로 젖힐 수 없으면
원인을 즉시 찾아내야 한다.

의사와 부모는 아이들의 불평을 언제나 아주 진지하게 다뤄야 한다. 아이들은 결코 가짜로 아픈 척하지 않는다. 직원들이 병가를 내면 '분명 일하기 싫어서'일 거라고 대부분 고용주가 의심하지만 아이들은 그렇지 않다. 아이들은 문제를 있는 그대로 표현한다. 아동기와 청소년기에 발생하여 나중에 어른이 되었을 때 문제를 일으키는 정형외과 질병이 아주 많으므로, 정형외과 정기검진은 매우 중요하다. 또한, 부모로서 당신도 아이를 위해 할 수 있는 일이 있다. 아이의 자세를 예리하게 살펴라. 어깨가 나란한지, 골반이 똑바른지, 척추가 삐딱하지는 않은지 섬세하게 살펴라. 당신의 아이는 무릎을 굽히지 않고 허리를 숙여 손가락을 바닥에 댈 수 있는가? 일반적인 운동 능력은 어떤가? 움직이기 싫어하는 귀찮음 때문에 안 하는 것이 아니라, 특정 동작을 할 수 없거나 통증이 동반된다면 반드시 의사와 상담해야 한다.

⇨ 결론

- 아이의 골반 통증은 언제나 원인을 밝혀야 한다.
- 성인기에 나타나는 여러 정형외과 질병의 원인이 아동기와 청소년기에 있다. 그러므로 제때 발견하여 치료하는 것이 질병을 예방하는 좋은 방법이다.
- "무릎이 아프면, 골반을 살펴라."

아이의 예상 키를 꼭 미리 알아야 할까?

아이의 예상 키 역시 내가 자주 받는 질문에 속한다. 그 대답은 명확히 '그렇기도 하고, 아니기도 하고'이다. 우리는 아이들의 골격 나이와 신분증에 적혀 있는 실제 나이를 구분한다. 여덟 살인 아우구스트의 골격 나이가 이제 여섯 살이면, 골격 나이가 열 살인 경우보다 앞으로 더 많은 성장이 기대된다. 전자의 경우를 발달지연이라고 부르고, 후자의 경우를 발달가속이라고 부른다.

발달지연은 현재 평균보다 작지만 나중에 사춘기가 되면 대부분 키를 따라잡는다. 발달가속은 또래보다 더 크고 일찍 사춘기를 맞지만, 그들의 '최종 키'가 반드시 더 큰 건 아니다. 최종 키는 사춘기 끝에 혹은 늦어도 약 스무 살이면 도달한다.

아이의 최종 키를 가늠할 수 있는 다양한 공식이 있다. 예를 들어, 태너척도 Tanner scale의 공식은 다음과 같다.

> **남자의 최종 키**
> (어머니의 키 + 아버지의 키) ÷ 2 + 6
>
> **여자의 최종 키**
> (어머니의 키 + 아버지의 키) ÷ 2 − 6

내 경우를 대입하면, 188센티미터가 나오는데, 나의 실제 키는 198센티미터이다. 또한, 헤르마누센 & 콜Hermanussen & Cole 공식 같은 새로운 공식도 있지만, 모두 대략적인 방향만 제공할 뿐이다.

오늘날 유전자검사는 발병 가능한 선천성 질병 정보를 알려준다. 정형외과에서는 예상 키를 가늠할 수 있다(물론 다른 것도 검사할 수 있다). 자라나는 아이들의 최종 키는 왼손 손목뼈를 엑스레이 사진으로 보면 알 수 있다. 그러나 그걸 미리 아는 것이 과연 필요할까? 뭐든 측정하려고 드는 현상 중 하나일까? 오늘날에는 뭔가가 지속적으로 측정되고, 위험 프로파일이 작성된다. 그러므로 아이들의 몸을 측정하는 것은 이해할 만하다. 한편 부모는 자식이 너무 크거나 너무 작기를 바라지 않는다. 야망이 큰 어떤 아버지는 아들에게 농부가 적합할지 하키가 더 나을지 알고 싶어 한다.

그렇다면 최종 키를 아는 것이 정말로 필요한 때는 언제일까?

다리 길이가 크게 차이가 나거나 척추가 심하게 휘었다면, 최종 키를 알 필요가 있다. 이런 경우 남은 성장을 계산하여, 기형이 어떻게 진행될지 그리고 의학적 개입이 필요한지를 결정한다. 다운증후군이나 클라인펠터증후군(성염색체 비분리에 의해 남자가 X 염색체를 두 개이상 가지게 되는 유전병의 일종 - 옮긴이) 같은 염색체 질병 역시, 최종 키 특정이 필요할 수 있다.

키가 너무 클까봐 혹은 너무 안 클까봐 걱정된다면, 최종 키를 검사하는 근거가 될 수 있다. 그러나 언제가 그런 경우일까? 그리고 도

대체 무엇이 정상일까? 그것은 백분율로 표시되는데, 모든 아기가 갖게 되는 노란색 의료수첩에 기록되어 있다. 백분율이란 퍼센트로 표시된다는 뜻이다. 어떤 아이의 성장률이 25라면, 그것은 또래의 25퍼센트가 이 아이보다 작다는 뜻이다. 이 수치가 3에서 97 사이에 있으면 정상이다. 3보다 낮으면 소인증, 97보다 높으면 거인증이라고 부른다.

중요한 것은 자신의 백분율을 꾸준히 유지하기다. 가령 늘 25였던 아이가 갑자기 10으로 떨어지면, 그 이유를 빨리 찾아내야 한다. 자신의 백분율을 고르게 유지하면서 성장하는 한, 기본적으로 모든 것이 정상이다. 그러면 아이는 평균보다 약간 작거나 클 뿐이다.

극단적인 장신 혹은 단신인 경우, 호르몬장애와 기형을 막기 위해서라도 최종 키를 특정하는 것이 좋다. 합당한 진단이고 또한 개별 사례에서 완전히 필요하더라도, 의학적 개입을 결정하기까지의 문턱은 매우 높다. 의학적 개입이 정말로 필요한지는 비판적으로 따져봐야 한다. 왜냐하면 그 안에도 위험이 들어 있기 때문이다. 그러므로 성장을 멈추게 하거나 성장단계를 인위적으로 연장하는 것에 대해서 매우 비판적이고 거의 실행되지 않는다.

나는 최종 키의 특정을 일반 검진에 넣는 것을 반대한다. 그것은 성장기의 비밀 하나를 없애버리는 행위이고, 모든 걸 미리 다 아는 것이 항상 좋은 건 아니다. 때로는 모르는 것이 좋을 때도 있다. 아이가 훤칠하게 크지 않아 불만인 부모에게, 나는 키에도 불구하고 혹은 바로 키 덕분에 매우 성공한 사람들이 아주 많다는 사실을 상기시켜 주고 싶다. 유명한 저널리스트인 슈테판 아우스트 Stefan Aust, 유명한 작가이자 저널리스트인 조반니 디 로렌초 Giovanni di Lorenzo, 연방하원의원인 그레고르 귀지 Gregor Gysi는 키가 그다지 크지 않다. 그리고 슈퍼모델 지젤 번천 Giesele Bündchen(180cm) 혹은 프란치스카 크누페 Franziska Knuppe(182cm)는 큰 키로 런웨이에서 돋보인다.

⇒ 결론

- 최종 키의 특정은 오직 예외적인 경우에서만 필요하다. 대개는 키가 비약적으로 갑자기 크는 것도 아주 늦게까지 성장이 미뤄지는 것도 정상이다.
- 만약 정말로 거인증 혹은 소인증이면, 그 결과에 대해 묻게 된다. 의학적 개입은 언제나 위험과 연결되어 있다.
- 때로는 그냥 가만히 두는 게 좋다. 뭐든 측정하고 싶어 하는 분위기에 휘말려 같이 춤을 출 필요는 없다.

성장통은 정말로 있을까?

의대생 시절 뮌스터대학병원 정형외과에서 만났던 어린이 환자를 나는 평생 잊지 못할 것이다. 그 아이의 통증은 오랫동안 성장통으로 치료되었지만, 결과적으로 그것은 악성 골종양이었고 심지어 다리를 절단해야만 했다. 이것은 확실히 극단적인 사례다. 그러나 아동이나 청소년의 통증 원인을 확실히 밝힐 수 없을 때 종종 성장통이라는 개념을 사용한다는 것을 보여주는 사례이기도 하다. 경험에 따르면, 이런 경우의 대부분은 단지 원인을 충분히 철저하게 조사하지 않았기 때문이다.

그렇다면 '성장통'이란 애초에 존재하지 않는 것일까? 성장통은 상위 개념이고 그 아래 아주 다양한 질병들이 있을 수 있다고 말하는 것이 더 적절한 것 같다. 6세에서 16세 사이의 아이가 밤에 다리가 아프다고 하면, 더 정확히 말해 무릎관절과 뒤꿈치가 아프다고 하면, 대개 성장통이라고 설명한다. 만약 양쪽 다리 모두가 아프면, 기본적으로 골절, 종양, 부상은 제외시킬 수 있다. 그러면 남는 것은, 어린이도 앓을 수 있는 류머티즘, 감염, 그리고 과도한 부담에 의한 힘줄과 인대와 뼈끝판(골단판)의 손상이다.

만약 아이의 한쪽 무릎 혹은 신체의 다른 부위에서 통증이 계속 재발하면, 검진과 촬영 그리고 때때로 혈액검사를 통해 원인을 찾아내야 한다. 경험으로 볼 때, 그러면 거의 언제나 원인이 밝혀진다. 가장 빈번한 원인은, 무릎의 경우 슬개건(무릎 힘줄) 끝에 그리고 발꿈치의 경우 아킬레스건 끝에 생긴 염증이다. MRI 사진을 보면, 이 부위가 염증으로 활성화되어 밝게 빛난다. 이럴 때는 운동을 중단하고 가만히 쉬면서 소염제를 복용해야 한다.

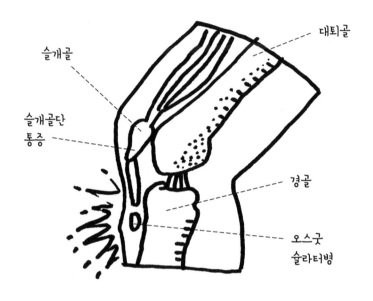

대퇴골

슬개골

슬개골단
통증

경골

오스굿
슐라터병

·무릎 형태 및 구조·

불길한 '성장통' 뒤에는 종종 슬개건 염증이 숨어 있다.

양쪽 다리 모두에 통증이 있는 경우 아이나 부모와 대화를 해보면 벌써 원인이 밝혀진다. 오전에 학교에서 체육시간, 그다음 방과 후 활동으로 축구나 발레, 저녁에 정원에서 잠깐 트램펄린놀이. 그러면 무릎관절의 위아래 성장판에 빈번하게 염증이 생긴다. 성장하는 골격은 부담을 그런 식으로 알린다. 그러니까 아이가 크느라 아픈 게 아니라, 그냥 너무 무리해서 아픈 것이다.

때때로 엄마나 아빠가 잠시 화장실에 가거나 급히 통화할 일이 생겨 진료실을 나가면 나는 잠시 아이와 단둘이 남는 기회를 얻는데, 이것이 진료에 큰 도움이 된다. 아이들은 어른들처럼 꽁꽁 숨기지 않기 때문에, 이 짧은 순간에 아주 많은 걸 알아낼 수 있다. 또한 이 귀여운 꼬마 환자는, 사실은 축구를 전혀 안 좋아한다고 혹은 발레가 끔찍하게 지겹다고 털어놓는다. 비록 운동이 몸에 좋은 게 사실이지만, 아이들도 휴식이 필요하다. 용량이 독을 만든다! 특히 자라나는 몸이라면 더욱 그렇다!

문진에서 손과 어깨 같은 다른 부위도 아프다는 것이 밝혀지면, 나는 류머티즘검사를 권한다. 얼마나 많은 아이들이 류머티스성 질병을 앓는지 알면, 아마 깜짝 놀랄 것이다. 류머티즘검사에서 아무것도 발견되지 않으면, 부디 석 달 뒤에 의사의 검진을 다시 받아라!

그러나 이른바 성장통은 때때로 그저 사랑과 관심을 갈구하는 작은 외침이다. 우리 의사들은 아픈 환자에게 쏟아지는 많은 애정과 공감을 질병의 부차 이득이라고 부른다. 앞에서 얘기했듯이, 아이와 얘기를 나눠보면, 부모의 바람과 달리 아이는 첼로와 연극수업 외에 일주일에 여섯 번이나 하는 발레를 전혀 좋아하지 않는다는 사실이 드러난다. 그러면 아픈 무릎은 발레수업에 빠져도 되는 반가운 명분을 준다. 게다가 저녁에 엄마가 무릎에 따뜻한 수건을 올려주면, 그보다 더 좋을 수가 없다!

⇒ 결론

- 성장통은 없다. 다 자라지 않아 부담을 견디지 못하는 여린 몸이 있을 뿐이다.
- 어떤 경우든 아픈 아이는 언제나 옳다. 부모는 의사를 통해 통증의 원인을 밝혀야 한다.

뇌진탕일까?

이것은 그야말로 남녀노소를 가리지 않는 당연한 질문이다. 뇌진탕은 어른에게도 생기기 때문에 나는 이 질문을 어린이 부분 맨 끝에 배정했다. 뇌진탕이 반복되면 그 결과는 막대할 수 있다. 그러므로 놀이터든 미니축구장이든 스키장이든 상관없이 곧장 치료를 받을 수 있게 당신은 뇌진탕 징후를 알고 있어야 한다.

2006년에 교환프로그램으로 피츠버그에서 생활할 때, 나는 스포츠의학과에 뇌진탕 전문부서가 있다는 사실을 처음 알았다. 그곳에서는 예방뿐 아니라 뇌진탕 이후의 재활에 초점을 두었다. 특히 미식축구의 경우, 심한 뇌진탕이 잦은데도 그동안 너무 주의를 기울이지 않았던 것 같다. 머리를 부딪힌 선수들이 성급하게 다시 경기장으로 보내졌고, 몇몇은 그것 때문에 장기적인 손상을 입었다.

2015년에 개봉된 영화 〈컨커션Concussion (뇌진탕)〉은 피츠버그 스틸러스 소속 미식축구선수였던 마이크 웹스터Mike Webster와 저스틴 스트렐직Justin Strzelczyk의 실화를 인상 깊게 그려낸다. 두 프로 선수가 사망한 뒤, 신경생리학자들이 그들의 뇌를 조사했고 외상성 뇌손상을 확인했다. 미국인들은 이것을 'Chronic Traumatic Encephalopathy(만성 외상성뇌병증)', 줄여서 'CTE'라고 부른다. CTE는 기억상실, 우울증, 치매, 알츠하이머 그리고 자살 충동을 야기하는 질병으로서, 미국 미디어에서 크게 다루는 주제다. 수많은 미식축구선수가 이 병을 앓고 있거나 앓았다. 보스턴에서 발표된 최신 연구에 따르면, 사망한 미식축구선수의 뇌 111개를 조사한 결과, 그중 110개가 CTE 징후를 보였다! 내셔널풋볼리그는 시끄러워졌고, 수백만 달러에 달하는 배상금이 거론되었으며, 앞으로 CTE 문제를 어떻게 극복할지 토론했다.

머리에 충격을 줄 수 있는 복싱 같은 여타 스포츠도 표적이 되었다. 무하마드 알리의 파킨슨병이 혹시 시합 중에 머리를 맞아 자주 뇌진탕을 앓았기 때문은 아닌지가 여전히 논란이 되고 있다. 독일 의학계에서도 뇌진탕 주제가 자주 등장한다. 여러 연구에 따르면, 미식축구선수가 알츠하이머를 앓을 위험이 일반인보다 대략 20배가 높다. 뇌진탕 위험이 있는 스포츠는 축구, 핸드볼, 농구, 아이스하키 같은 신체 접촉 스포츠이지만, 그렇지 않은 승마, 알파인스키, 사이클 등 다른 스포츠에도 위험은 있다. 스키, 사이클, 승마 같은 몇몇 스포츠는 헬멧 착용이 의무인 반면, 수많은 스포츠에 아직 그런 규정이 없다. 그러나 확신하건대, 축구에서도 헬멧 착용이 의무화되는 날이 반드시 올 것이다. 자전거를 탈 때는 아이에게 헬멧을 꼭 쓰게 하면서, 축구할 때는 맨 머리로 헤딩을 하더라도 우리는 운동장 밖에서 느긋하게 보고만 있다. 뭔가 앞뒤가 안 맞다!

2014년 월드컵 결승전에서 독일과 아르헨티나가 맞붙었을 때, 크리스토프 크라머Christoph Kramer가 축구장에서의 뇌진탕 사례를 가장 인상적으로 보여주었다. 경기를 시작하고 불과 몇 분 뒤에, 상대편 선수가 어깨로 크라머의 머리를 세게 쳤다. 그는 바닥에 쓰러졌고 치료를 받은 후 다시 경기장으로 돌아왔다. 그러나 그는 조금 뒤에 심판에게 혹 지금 이 경기가 월드컵 결승전이냐고 물었고, 심판은 즉시 크라머를 교체하라고 지시했다.

이런 일이 매일 세계 곳곳의 경기장에서 벌어진다. 독일만 보더라도 1년에 15만 번 이상이고, 이때 밝혀지지 않은 수치는 훨씬 더 높을 텐데, 단지 소수의 뇌진탕 환자만이 실제로 병원을 찾아 치료를 받아 통계에 남는다. 머리를 충돌해 쓰러진 선수는 절대 경기에 다시 투입되어선 안 된다. 자전거나 나무에서 떨어진 후 균형을 못 잡고 비틀거리거나 두통을 호소하는 아이는 즉시 병원에 데려가야 한다. 아주 작은 의심이 들더라도 부디 병원에 가서 검사를 받아라. 뇌는 우리가 가진 것 중에서 가장 소중하기 때문이다!

뇌진탕은 머리뼈와 뇌의 가벼운 외상이다. 말하자면 뇌 손상이다. 결코 얕잡아 봐서는 안 된다. 만약 제대로 처치되지 않으면, 뇌출혈과 장기적인 손상을 야기할 수 있다. 뇌진탕의 전형적인 징후 세 가지는 의식장애, 기억장애 그리고 메스꺼움이다. 아래 체크리스트에 적힌 대로 여러 징후가 나타날 수 있다. 게다가 메스꺼움, 현기증, 두통 같은 증상이 한 달 넘게 계속될 수 있다.

뇌진탕 체크리스트

- 의식 불명 혹은 의식장애
- 기억장애
- 메스꺼움 혹은 구토
- 두통
- 소음에 민감해진다
- 빛에 민감해진다
- 현기증 혹은 균형장애
- 동공의 크기 변화
- 언어장애
- 시각장애
- 반응이 느리다

머리를 부딪힌 뒤에는 안정을 취하는 것이 가장 좋다. 적어도 24시간 동안 침대에 가만히 누워 있는 것이 좋다. 충돌한 뇌는 일단 쉬어야만 하기 때문이다. 이때 텔레비전이나 핸드폰을 보는 것은 좋지 않다. 깜빡이는 수많은 화면이 뇌를 추가로 괴롭히기 때문이다. 살짝 어두운 방이 좋다. 앞에 설명한 모든 징후가 완전히 사라진 뒤에 비로소 스포츠를 다시 시작해야 한다. 늦어도 석 달 뒤에는 완전히 회복될 것이다.

⇒ 결론

- 아이가 뇌진탕인 것 같은 의심이 들면, 기본적으로 뇌진탕일 수 있다고 믿고 합당한 치료를 받게 해야 한다.
- 모든 뇌진탕을 예방할 수는 없다. 그러나 올바른 스포츠를 선택하고 헬멧을 쓰게 함으로써 위험을 낮출 수는 있다. 스키의 경우, 헬멧 착용이 뇌진탕을 아주 성공적으로 막아주고 있다!

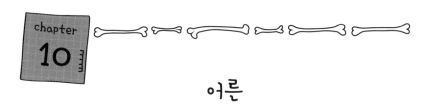

어른

지금까지 교정기구를 차고 성장통을 앓는 사랑하는 아이들을 살펴봤다. 이제 우리 자신을 살펴볼 차례이고, 그래서 전혀 다른 질문들을 다룬다. 인생 단계마다 우리와 우리 몸이 감당해야 하는 어려움이 다르다. 간신히 성장이 끝나면, 갑자기 허리통증이 우리를 괴롭힌다. 아이들 공부를 겨우 다 시키고 나면, 우리는 완전히 소진되어 일할 능력도 없고 힘도 없는 기분이 든다. 50세가 되면, 우리 몸에 있는지도 몰랐던 부위가 아프기 시작한다. 그럼에도 '40세 같은 50세' 얘기를 어디서나 읽을 수 있다. 나는 한 발 더 나아가 약간의 도움만 있으면 심지어 40세 같은 60세도 될 수 있다고 본다! 그러나 그러기 위해서는 전제조건이 있다. 자동차 비유를 이어가면, 당신은 '수리 기록부'상에서 차체와 바퀴를 양호한 상태로 유지하고, 몇몇 가지를 변경

할 각오를 해야 한다. 다음의 내용을 읽으면, 그것이 무엇인지 저절로 알게 될 것이다.

통풍발작이라고요?

내가 처음으로 통풍과 직접 대면한 곳은 스키장이었다. 같이 스키를 타러 간 친구의 발이 아침에 갑자기 퉁퉁 부었고, 붉게 부어오른 발목에서 열이 났고, 너무 아파서 걸을 엄두도 내지 못했다. 이 가련한 친구는 염증의 다섯 가지 징후를 전부 가졌다. 교재에 적힌 그대로였다. 통증, 발열, 홍조, 부기, 기능 상실. 그리스 의사 갈레누스 폰 페르가몬Galenus von Pergamon이 2세기 때 이미 설명했던 이 다섯 가지 염증 징후는 오늘날까지 유효하다.

당시 대학을 갓 졸업한 젊은 의사들이었던 우리는 갑자기 의학드라마를 찍기 시작했다.

젊은 의사들: 스키 타다 넘어진 적 없어? 확실해?

환자: 확실해! 절대 넘어지지 않았어!

젊은 의사들: 그럼, 어젯밤 술집에서 발목을 삔 거 아니야?

환자: 아니야. 그랬다면 몰랐을 리가 없잖아!

젊은 의사들: 칼에 베이거나 그 밖에 다친 적도 없고?

환자: 없어. 성가시니까 다들 그만해. 나는 진짜 의사가 필요해!

부족한 의학지식 탓에 정확한 진단을 내릴 수 없었던 우리는 정말로 마지못해서 환자를 데리고 스키장 의료센터로 갔다. 우리 입장에서는 그 자체도 치욕이었지만, 더 큰 치욕이 기다리고 있었다. 50대 후반쯤으로 보이는 친절한 의사는, 발은 보려고도 않고 간단한 질문 몇 가지만 했다. 스키를 무리해서 탔습니까? 술을 많이 마셨고 혹시 고기를 많이 먹었습니까? 실제로 우리는 여섯 시간이나 스키 투어를 했고, 술을 아주 조금 많이 마셨고, 마지막으로 고기퐁듀를 먹었었다.

"그렇군요." 의사가 말했다. "통풍발작입니다."

통풍? 그런 건 나이 많은 남자들이나 앓는 거 아닌가? 당연히 우리는 즉시 이 진단을 의심했고, 환자가 아직 서른 살도 안 되었다고 설명했다. 의사는 확실히 우리의 무지를 재밌어 하면서, 스키 타러 온 젊은이들이 통풍발작을 자주 일으킨다고 설명했다. 거의 대부분이 살짝 과체중이고 스포츠, 술, 육식을 통해 통풍발작을 일으킬 만큼 요산 수치를 높이는 남자들. 그래서 그는 우리 환자의 발을 살필 필요조차 없었다고 한다.

그러니까 우리는 이 스키 여행에서 동시에 두 가지를 배웠다. 통풍은 나이가 아니라 높은 혈중 요산 수치와 관련이 있다. 통풍은 소변을 통해 요산을 충분히 배출하지 못하는 신장의 대사질환이다. 요산은 이른바 '푸린 purine(염기성 유기화합물 중 하나)'의 분해로 생긴다. 육류, 소시지 혹은 기름기가 많은 생선 같은 음식물을 통해 우리는 푸린을 섭취한다. 그러나 술과 과도한 신체활동도 요산 수치를 높일 수 있다.

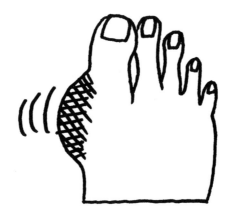

우리 몸의 '쓰레기 집하장'이 된 엄지발가락에 요산입자가 쌓인다.

통풍은 우리 몸에서 요산의 형성과 배출의 불균형에서 비롯된 질환이다. 늘어난 요산이 배출되지 않거나 충분히 배출되지 않으면, 요산은 입자 형태로 몸에 쌓인다. 그러면 마치 쓰레기 집하장처럼 관절, 힘줄, 피부, 신장에 요산이 쌓인다. 해당 관절의 조직을 현미경으로 보면, 바늘처럼 생긴 인상적인 요산입자를 볼 수 있다. 급성 통풍은 이렇게 쌓인 요산입자들이 관절에 심한 염증을 일으켜 생긴다.

통풍은 또한 문명병이기도 하다. 몸에 안 좋은 음식을 많이 먹고 적게 움직이는 생활방식으로 인해 주로 생기는 병이기 때문이다. 서구 산업국가들에서 통풍이 그렇게 많은 까닭도 여기에 있다. 통풍 환자들은 대개 과체중, 고혈압, 당뇨, 고지혈 등 네 가지 위험요소를 가지고 있고, 대사증후군이라 불리는 이 네 가지 위험요소는 모두 심장에 안 좋다. 의학 교재에 적힌 전형적인 환자는 40~60세 사이의 남성이고, 여성은 확실히 드물게 통풍에 걸리지만 폐경기가 시작되면 확률이 높아진다. 아마도 여성호르몬이 그때까지 어느 정도 보호하는 것 같다. 통풍은 주로 엄지발가락 첫째 관절에 생긴다. 맑은 하늘에 날벼락처럼 갑작스럽게 극심한 통증이 찾아온다. 이런 통증은 소염제로 치료되고 금세 완화된다. 만성인 경우, 그러니까 장기적으로 혈중 요산 수치가 높은 경우라면, 해당 관절이 망가지고 뼈가 기형이 된다. 통증 휴지기가 없는 이런 만성 통풍은 여기에 더하여 신장까지 손상시킬 수 있다.

소염제 단기 처방 이외에 식습관 변화로 통풍을 치료할 수 있다. 음식은 통풍 예방에서도 결정적인 역할을 한다. 요산 수치를 낮추려면, 푸린이 적게 함유된 음식을 먹어야 한다. 대부분의 채소(시금치, 꼬투리열매, 방울양배추는 예외다), 과일, 유제품, 달걀이 좋다. 육류와 소시지 종류를 줄이고 갑각류 역시 아주 가끔씩만 먹어야 한다. 술을 줄이고, 체중을 조절하고, 정기적으로 적당히 운동하는 것 역시 올바른 선택이다. 이 정도로 충분한 효과가 나지 않으면, 요산 형성을 막고 신장을 통한 배출을 개선하는 약물을 추가로 처방할 수 있다. 일반적으로 혈중 요산 수치는 6mg/dl 이하여야 하고, 통풍 위험이 있는 후보자들은 정기적으로 이 수치를 검사해야 한다.

⇒ 결론

- 통풍발작은 노인에게만 생기는 게 아니다.
- 과도한 스포츠, 맥주, 고기의 조합은 죽음이다.
- 균형 잡힌 영양 섭취에 신경 쓰고, 소시지와 육류 대신 채소와 과일을 많이 먹는다. 유제품은 통풍 예방에 좋다.
- 나이 많은 의사를 절대 얕잡아보지 않는다.

왜 남자들은 해변에서 바닥에 앉지 못할까?

해변에서 유독 남자들이 작은 휴대용 의자에 많이 앉아 있는 걸 보고 의아하게 생각한 적이 있는가? 남자들은 모래 위에 다리를 쭉 뻗고 앉는 게 그다지 쉽지 않다. 왜 그럴까? 남자들은 가끔씩 소파와 한 몸이 되어 지내기도 하지만, 헬스클럽에 가서 자주 유산소운동을 하고 더 자주 근력운동을 한다. 그런데 세 가지 기본 운동 중에서 매우 중요한 세 번째 운동, 즉 스트레칭이라고도 불리는 이완운동을 일부러 깜빡한다. 대부분의 남자들이 소파에 눕기를 좋아하고 몸이 뻣뻣하게 굳는 까닭도 이 때문이다. 무릎을 펴고 서서 허리를 굽히고 손을 바닥 쪽으로 뻗었을 때 손끝이 겨우 정강이 중간쯤밖에 못 간다면, 그 이유는 허벅지 뒤쪽 근육이 짧아졌기 때문이다. 우리 정형외과 의사는 손가락Finger과 바닥Boden 사이의 이 간격Abstand을 앞글자만 따서 'FBA'라고 부른다.

한번 해보라! 손가락이 바닥에서 멀리 떨어질수록, 당신의 허벅지 뒤쪽 근육은 더 짧다. FBA가 크면, 뭔가에 기대지 않고서는 다리를 펴고 바닥에 오래 앉아 있을 수 없다. 자꾸 눕게 되는 것은 그저 게을러서가 아니다. 그럴 수밖에 없기 때문이다. '편한 의자'와는 거리가 먼 작은 휴대용 의자에 앉아 있으면 점점 힘들어지고, 결국 의자에서 내려와 비치타월을 깔고 그 위에 눕게 된다.

몸을 생각하는 사람들로 북적거리는 헬스클럽에서조차 나는 스트레칭을 하는 남자들을 거의 본 적이 없다. 이것은 몸에 아주 안 좋다. 오로지 근력운동만 하면 근육 손상, 제한된 움직임, 잘못된 자세를 야기하기 때문이다. 각각의 근육에는 상대가 하나씩 있다. 한 근육이 짧아지면 상대 근육은 늘어나야 한다. 이런 근육쌍의 전형적인 사례가 삼두근과 이두근이 있는 팔뚝이다. 운동으로 이두근을 수축시켰다면 동시에 삼두근을 이완시켜야 하고, 그 반대도 마찬가지다. 근육질 몸매를 위해 과도하게 이두근 운동만 하면, 이두근이 너무 짧아져서 팔꿈치관절을 완전히 펼 수 없는 사태가 종종 벌어진다. 이런 불균형을 막으려면, 짝을 이루는 근육쌍을 언제나 균등하게 단련하고 이완해야 한다. 그렇게 하지 않으면 거울에 비친 근육이 비록 감탄을 자아내지만, 계단을 빠르게 올라가야 할 경우 어쩌면 잘 이완된 근육을 가진 젓가락 남자에게 쉽게 추월당할 뿐 아니라, 나중에 통나무처럼 굵직한 다리의 근육통을 호소하게 될 것이다.

근육의 세 부분이 특히 짧아지는 경향이 있다. 가슴, 몸통, 다리. 당신의 이 세 근육이 현재 어떤 상태인지 아주 간단히 확인할 수 있는 테스트가 있다. 등을 바닥에 대고 누워 다리를 굽히고 팔을 머리 위로 쭉 뻗어라. 양쪽 어깨가 모두 바닥에 완전히 닿지 않으면, 당신의 가슴근육은 짧아진 것이다.

이제 누운 채로 굽힌 다리를 좌우로 돌려 바닥에 닿도록 해보라. 이때 골반이 들리면 몸통근육이 짧아진 것이다.

가슴근육이 짧으면,
어깨가 바닥에 평평하게 닿지 않는다.

몸통근육이 짧으면, 접은 다리를
좌우로 기울일 때 골반이 바닥에서 뜬다.

다음 테스트를 위해서는 높은 곳에 누워야 한다. 요가 아니라 침대나 소파 같은 곳에 누워야 하는데, 이때 등을 대고 누웠을 때 두 다리가 바닥에 닿아야 한다. 이제 한쪽 무릎을 잡고 위로 끌어올려라. 이때 다른 쪽 다리가 바닥에서 떨어지면, 고관절근육이 짧아졌다는 표시다.

고관절근육이 짧으면, 한쪽 다리를 가슴 쪽으로 당겼을 때
다른 쪽 다리도 유령의 손에 당겨지듯 같이 위로 올라간다.

다리의 경우 종종 허벅지 앞뒤 근육이 짧아질 수 있다. 다리를 쭉 뻗은 상태에서 상체가 바닥과 완전히 직각이 되게 앉기가 힘든가? 그렇다면 아마 당신은 남자일 것이다. 남자든 여자든 아무튼 그렇게 앉지 못한다면, 당신의 허벅지 뒤쪽 근육이 짧아진 것이다. 배를 깔고 엎드린 자세에서 뒤꿈치를 엉덩이에 대기가 어렵다면, 허벅지 앞쪽 근육이 짧아졌다는 표시다. 불편한 당김은 허벅지 앞쪽 근육이 충분히 늘어날 수 없다는 신호다.

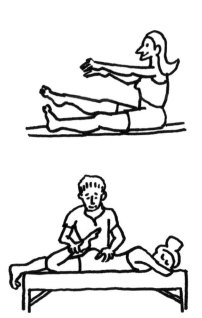

허벅지 뒤쪽 근육이 짧으면 해변에서 앉을 의자가 필요하고,
허벅지 앞쪽 근육이 짧으면 평소 눈에 잘 띄지 않지만 비슷하게 불편하다.

이런 간단한 테스트에서 짧아진 근육 부위가 확인되었다면, 그 부위를 집중적으로 이완하는 운동 프로그램을 시작하여 근육의 유연성을 완전히 회복해야 한다. 그러면 당신의 자세도 전체적으로 좋아질 것이다! 종종 그렇듯, 여기에서도 여자들은 남자들보다 더 영리하다. 그들은 스트레칭에 더 많은 가치를 두기 때문이다. 운동 전에 수행하는 다양한 워밍업 프로그램과 필라테스나 요가 강좌에서 남자들을 만나기가 아주 어렵다는 데서 그것이 드러난다. 나는 정형외과 의사로서, 남자들이 '여자들이나 하는 일'로 무시해버리는 요가와 필라테스의 빅팬이다. 남자들은 완전히 잘못 생각했다! 요가와 필라테스는 스트레칭에 놀랍도록 좋을 뿐 아니라, 편향된 근력운동이 야기할 수 있는 문제를 없애주고 잘 기능하는 근력을 키워준다. 또한 기분 좋은 이완을 줄 뿐 아니라, 분주한 일상에서 몸과 마음의 균형을 맞춰준다. 그래서 나는 스트레스성 질병을 가진 여러 환자에게 요가나 필라테스를 권한다.

⟹ 결론

- 짧아진 근육은 여러 정형외과 질병의 원인이다. 짧아진 근육이 잘못된 자세를 이끌고 잘못된 자세가 통증을 유발할 수 있기 때문이다.
- 유연성은 새로운 '필수 아이템'이다.
- 유연성은 운동 삼총사를 통해 얻을 수 있다. 근력운동, 스트레칭, 유산소운동!
- 근육이 짧아지지 않도록 매일 일상에서 잠깐씩 스트레칭을 하라. 자세가 전체적으로 개선되면 내년 여름에는 해변에서 작은 의자에 웅크리고 앉지 않아도 되리라. 그때 비치타월을 깔고 눕는다면, 그것은 '어쩔 수 없는' 선택이 아니라 정말로 게으른 것이다.

남편에게 테스토스테론이 필요할까?

테스토스테론 질문은 남자들 자신이 직접 하기보다는 오히려 그 아내들이 한다. 활력 넘치는 50대 중반 여자가 남편 옆에 서거나 앉아서 남편을 대변한다. "호르몬제를 먹어야 하는 건 아닐까요? 나는 몇 년 전부터 먹고 있거든요. 클라우스에게도 호르몬제가 아주 좋을 거라는 생각이 들어요. 의욕도 없고 늘 피곤해하고, 전체적으로 많이 지친 것 같아요." 그러면 내 앞에 앉은 클라우스는 약간 겸연쩍은 표정을 지을 뿐, 여전히 아무 말도 하지 않는다.

·좁은 가슴, 볼록 솟은 배, 탈모·
이런 체형의 종족을 '나이 드는 남성'이라고 부른다.

모두가 클라우스 같은 남자들을 알 것이다. 50대 중반부터 배가 살짝 나오고 가슴이 약간 좁아지고, 드물지 않게 우울감이 더해진다. 남성 갱년기 얘기다. 영어권에서는 'aging male(나이 드는 남성)'이라는 아주 멋진 표현을 쓴다. 미국 드라마 〈못 말리는 번디 가족 Married With Children〉에 나오는 알 번디의 체형이 바로 이런 '나이 드는 남성'의 전형이다.

40대 후반부터 고환은 테스토스테론 생산량을 줄인다. 이것이 근육과 뼈의 약화로 이어지고 앞에서 언급했던 의욕상실이나 우울감을 야기한다. 또한 드물지 않게 발기부전도 동반한다. 이쯤 되면, 점점 줄고 있고 언젠가는 완전히 없어질 테스토스테론을 인위적으로 몸에 공급하는 것을 고민하게 된다. 대부분의 사람들은 테스토스테론에서 노화 방지보다는 오히려 도핑을 떠올린다. 도핑의 경우 다량의 테스토스테론을 (주로 다른 약물과 혼합하여) 복용하지만, 노화 방지를 위해서는 아주 적은 양만 먹는다. 테스토스테론 도핑은 위험하다. 그것은 생명을 위협할 수 있는 심근질환, 부정맥, 뇌졸중, 혈전증을 일으킬 수 있다. 보디빌더들의 사망 원인을 조사해보면, 놀라운 수치를 만나게 된다. 2017년만 보더라도, 도핑으로 널리 알려진 보디빌더 리치 피아나 Rich Piana는 겨우 46세에 죽었다. 또한, 남아프리카공화국 보디빌더 챔피언 시피소 린젤로 Sifiso Lungelo는 2017년에 23세의 나이로 사망했고, 미국 챔피언 달라스 맥카버 Dallas McCarver는 26세에 세상을 떠났다.

독일에서는 프라이부르크의 스포츠의학자 클륌퍼Klümper 박사가 서독 최고 선수들의 도핑을 도운 것으로 불명예를 얻었다. 스페인의 스포츠의학자 푸엔테스Fuentes는 2006년 '투르 드 프랑스'(프랑스 일주라는 뜻으로, 매년 7월 3주 동안 열리는 세계적인 사이클 경기 - 옮긴이)에서 도핑 사건 때문에 국제적으로 유명해졌다. 벤 존슨Ben Johnson, 랜스 암스트롱Lance Armstrong, 얀 울리히Jan Ullrich 같은 세계적으로 유명한 운동선수들의 도핑 사건은, 스포츠에서 도핑이 얼마나 널리 퍼져 있는지를 잘 보여준다. 운동을 즐기는 젊은이들의 특이한 부상 패턴은 언제나 몸이 보내는 경고 신호이고, 어쩌면 도핑의 증거일 것이다. 18세 역도선수가 생수통을 들어 올리다 양쪽 대퇴 사두근 힘줄이 끊어지면, 나는 확실한 반대 증거가 나올 때까지 일단 도핑을 의심한다. 또한 유선乳腺이 확대되거나 얼굴과 턱이 거칠어지는 것도 여기에 속한다.

성형외과 동료에게 듣기로, 여성처럼 커진 유방을 축소하는 수술이 전직 보디빌더 사이에서 인기가 높다고 한다.

· 도핑 역도선수 ·
모든 근육이 금방이라도 터질 것처럼 부풀어 있다.

남성 갱년기의 특징을 보여주는 징후 목록이 있다. 몇몇은 너무 전형적이지만 성욕 감퇴, 발기부전, 근력 감소, 체중 증가, 우울감이 노화에 따른 테스토스테론 결핍의 좋은 기준점을 제공한다.

하이네만Heinemann의 남성 갱년기 징후

- 전반적으로 몸이 예전 같지 않다
- 관절통과 근육통
- 땀이 많이 난다
- 수면장애
- 졸리고 피곤하다
- 쉽게 화를 낸다
- 신경과민
- 겁이 많아진다
- 신체적 피로
- 근력 감소
- 우울감
- 인생의 전성기가 끝난 기분
- 용기를 잃은 기분
- 수염이 더디 자란다

- 발기부전
- 아침 발기의 감소
- 성욕 감퇴

아침에 테스토스테론 수치를 측정하는 혈액검사가 확실한 열쇠다. 45세부터 매년 전립선암을 검진받도록 권장되기 때문에, 비뇨기과 의사는 이때 테스토스테론 수치를 같이 측정할 수 있다. 위에 나열한 증상이 있고 테스토스테론 수치가 정말로 너무 낮으면, 테스토스테론이 처방될 수 있다. 단, 테스토스테론이 다른 질병에 영향을 미치지 않는 선에서다. 테스토스테론은 뼈, 근육, 성욕에 긍정적 효과를 내지만, 심혈관순환계에 부작용을 낳을 수 있고 혈전증 위험을 높일 수 있다.

기본적으로 테스토스테론은 젤 형태로 피부에 발라진다. 주로 어깨, 팔, 다리에 바르지 음경이나 고환에 바르는 게 아니다! 이런 처방 이외에 다른 방식으로도 테스토스테론 수치를 높일 수 있다. 45세의 비만 남성이 보통 체중의 동년배와 비교해서 테스토스테론 수치가 대략 70퍼센트에 그친다면, 복부비만을 없애라! 적당한 근력운동이 테스토스테론 수치를 높일 수 있다. 말하자면, 스쿼트(허벅지가 무릎과 수평이 될 때까지 앉았다 섰다 하는 동작)가 테스토스테론이다! 반면, 과도한 지구력 훈련은 테스토스테론 수치를 낮춘다. 그러니까 갱년기 남성이 자신의 건재함을 보이기 위해 마라톤을 준비한다면, 그는 자신의 마지막 남은 테스토스테론을 소비하며 달리는 셈이고, 결국 갱년기는 더 빠르게 진행된다.

⇒ 결론

- 테스토스테론 도핑은 생각도 하지 마라.
- 최고의 노화 방지는 체중 감소와 적당한 근력운동이다. 그것만 해도 테스토스테론 수치가 올라간다.
- 반대로 과도한 지구력 스포츠는 테스토스테론 수치를 낮춘다.
- 체중 감소와 근력운동으로 부족하면, 특수 젤로 방어할 수 있다.
- 아니면, 그냥 초연하게 받아들여라! 당신만 늙는 게 아니다. 모두가 늙는다!

뼈는 왜 약해질까?

"골다공증인가요?" 내가 병원에서 빈번하게 듣는 질문이다. 골다공증이란 뼈에 구멍이 많아 쉽게 부러지는 증상을 말하는데, 쉽게 표현하면 뼈가 삭는 것이다. 골다공증은 가장 빈번한 질병에 속하고, 그래서 고혈압이나 지방대사장애와 어깨를 나란히 한다. 독일에서만 약 600~700만 명이 골다공증을 앓는다. 그러므로 병원에서 이 질문을 가장 많이 받는 것은 당연한 일 그 이상이다.

도대체 어떻게 뼈에 구멍이 많아질 수가 있을까? 그 이유는 뼈가 살아 있고, 매우 활기찬 구조를 가졌으며, 필요에 따라 지어졌다 허물어지기를 반복한다는 데 있다. 앞에서 다뤘듯이, 인체는 25세에서 30세 사이에 최고점에 도달한다. 다시 말해 서른이 넘으면 몸이 일반적으로 내리막길에 들어서고, 이때 뼈들도 예외가 아니다. 25세와 30세 사이에 우리의 몸이 도달하는 최고점을 우리 정형외과 의사들은 '골밀도 최고점'이라고 부른다. 이 시기에 우리의 뼈는 최고 상태와 밀도에 도달하고, 그 이상은 안 된다. 우리는 그 뼈를 가지고 남은 생애를 살아야 한다. 그러므로 뼈를 잘 돌보고 살펴야 한다. 그 방법에 관해서는 곧 자세히 설명하겠다.

많이 알려진 사실과 달리, 골다공증은 순전히 여자들만의 병이 아니다. 남자들 역시 걸리는데, 다만 평균적으로 10년 늦게 걸린다. 골다공증 사례의 90퍼센트 이상이 나이와 관련이 있다. 여성의 폐경기와 남성의 갱년기. 그러니까 호르몬 생산 저하와 관련이 있다. 폐경기와 갱년기에 골다공증 위험이 높아진다. 그 외 주요한 원인으로는 코르티손 복용, 운동 부족, 갑상선기능항진증, 음주와 흡연 등이 있다.

골다공증이 위험한 이유는 대부분이 너무 늦어서야 비로소 자각한다는 데 있다. 골다공증 초기에는 아무런 문제를 느끼지 않기 때문이다. 뼈가 이미 너무 약해졌으면, 비교적 작은 사고에도 척추체, 손목관절, 대퇴경부가 부러질 수 있다. 이런 골절 이외에 골다공증은 노년기의 척추 골절의 원인이 된다. 척추 골절이 온 사람은 '키가 작아지고', 손이 잘 닿던 선반에서 물건을 꺼내기 위해 이제 사다리가 필요하다는 걸 알게 된다. 힘껏 팔을 뻗어도 안 된다. 이런 주저앉은 척추는 쐐기척추, 물고기척추, 편평척추라고 불린다. 척추 골절은 이른바 '꼬부랑 할머니'를 야기하고, 등에 특이한 무늬를 남기는데, 정형외과 의사는 이것을 '전나무 현상'이라고 부른다. 늘어진 피부가 등 중앙에서 양옆으로 주름을 형성하는데, 그 형태가 전나무처럼 보이기 때문이다. '전나무 현상'은 주로 미용 문제이지만, '꼬부랑 할머니'는 막대한 통증을 야기하고 삶의 질을 크게 떨어뜨린다.

골다공증이 할머니나 할아버지와 같은 뜻이라고 생각했다면, 크게 착각한 것이다. 골다공증은 아주 젊은 사람에게도 생길 수 있다. 30대

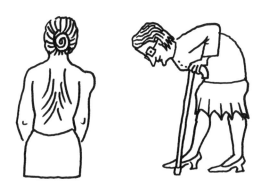

·전나무 현상과 꼬부랑 할머니·

모두 '꼬부랑 척추'라고 불러야 맞다.
척추 골절이 할머니들에게만 생기는 게 아니기 때문이다.

후반의 한 환자는 이사 때 옷장을 옮기다가 척추뼈가 부러졌다. 그는 나를 찾아와 심한 등뼈 통증을 호소했다. 엑스레이를 찍으니, 놀랍게도 7번 흉추가 부러져 있었다. 솔직히 말해, 30대 남성이라면 뼈가 부러지는 일 없이 옷장 하나쯤은 들 수 있어야 한다. 이 남자에게 도대체 무슨 일이 있었던 걸까? 나는 그것을 알아내기 위해 의사의 고전적 일상에 속하는 문진을 시작했다.

의사: 앓고 있는 질병이 있습니까?

환자: 없어요!

의사: 드시는 약이 있습니까?

환자: 네!

의사: 무슨 약을 드시죠? 앓고 있는 병은 없다면서요?

환자: 아픈 데는 없어요. 천식 때문에 코르티손 스프레이를 쓰는데, 사실 지금은 천식이 다 나았습니다.

의사: 코르티손을 썼기 때문에 느끼질 못할 뿐이지, 천식이 다 나은 건 아닐 겁니다.

이 환자가 심한 골다공증을 앓는 이유는 코르티손 장기 복용 때문이었다. 코르티손은 알코올과 마찬가지로, 뼈를 만드는 세포를 방해한다. 담배도 비슷하게 나쁜 효과를 낸다. 담배는 뼈를 분해하는 세포를 지원한다. 운동 부족 역시 뼈의 분해를 돕는다. 우리의 몸은 극단적일 만큼 경제적으로 일하기 때문에 운동과 스포츠를 통해 뼈에게 일을 시키지 않으면, 몸은 이 영역에 어떤 에너지도 투입하지 않는다. 커피 역시 골밀도를 낮추지만 아주 미미한 수준이다. 그러므로 아침에 정신을 맑게 해주는 커피를 억지로 참지 않아도 된다. 담배와 술은 삼가는 게 좋다. 금연과 절주는 뼈에만 좋은 게 아니다.

골다공증 자가진단

- 나이: 여성은 50세 이상, 남성은 60세 이상부터 위험하다
- 가족 중에 골다공증을 앓는 사람이 있는가?
- 무거운 것을 들 때 혹은 작은 사고에서 뼈가 부러진 적이 있는가?
- 키가 줄었는가?
- 술과 담배를 하는가?
- 정기적으로 약을 먹는가? 특히 코르티손?
- 당신의 체질량지수는 어떤가? 저체중이 골다공증을 촉진한다!
- 운동은 얼마나 하는가?

자가진단을 보면 당신이 스스로 무엇을 해야 하는지 알 수 있다. 마법의 주문은 예방이다. 아기는 생후 1년에 구루병(연약한 뼈) 예방을 위해 비타민 D를 예방접종한다. 하지만 어른이 되면 뼈 건강에 대한 의식이 사라진다. 30세부터 모두가 정기적으로 혈액검사를 받고, 나중에는 에스트로겐이나 테스토스테론 수치도 검사받아야 한다. 골다공증이 의심되거나 위험요소가 있다면, 혈액검사로 뼈대사를 확인할 수 있다. 이때 특별한 수치가 검사되는데, 예를 들어 칼슘과 인산염 혹은 부갑상선호르몬 수치가 검사된다. 부갑상선호르몬은 혈중 칼슘 농도가 낮을 때 신호를 보내고 부족한 칼슘을 보충하기 위해 뼈에서 칼슘을 빼내 혈액에 제공한다. 그래서 골질이 해체되고 골밀도가 낮아진다.

특수엑스레이로 요추와 대퇴골을 촬영하여 골밀도를 측정한다. 뼈의 무기질을 측정하는데, 그것을 통해 골밀도가 정상인지 아니면 이미 골다공증이 진행 중인지 확인할 수 있다. 젊은 성인의 수치를 표준으로 하여 -1 정도의 이탈까지는 정상이다. 골밀도가 약화되었지만 아직 골다공증은 아닌 중간 단계는(-1과 -2.5 사이) '골감소증'이라고 부른다. 이보다 더 이탈하면 골다공증이다.

그러나 우리 스스로 뭔가를 함으로써 뼈의 기능에 공헌할 수 있다. 그럴 수 없다면, 운동계를 기발한 구조라 할 수 없으리라. 요가와 유산소운동 그리고 근육운동으로 좋은 골밀도를 가장 잘 유지할 수 있다. 그렇다고 전성기의 아널드 슈워제네거 Arnold Schwarzenegger를 목표로 근육운동을 해서는 안 된다. 보디빌더의 근육이 아니라 기능하는 단련된 근육, 즉 근지구력이 중요하다. "강한 몸이 예쁜 몸매다." 혹은 "탄탄한 근육이 섹시하다." 이것이 새로운 모토이다! 목표가 확실한 근육운동은 정말로 기적의 효과를 낸다. 뼈를 자극하는 데 근육 훈련만 한 게 없다. "운동이 삶이다." 이 문장은 두 가지 의미가 있다. 우리뿐 아니라 우리의 뼈도 운동을 통해 살기 때문이다. 자동차를 오래 세워두면, 언젠가 타이어에 구멍이 나는 것처럼 우리도 운동하지 않으면 언젠가 뼈에 구멍이 난다. 하루 30분씩 시간을 내서 스포츠와 운동으로 몸을 단련하라. 새로운 활기와 상쾌한 머리로 다시 일을 시작하면, 운동을 하느라 잃어버린 시간을 쉽게 되찾을 수 있다.

이미 잘 알고 있듯이, 운동과 더불어 우리는 칼슘과 비타민 D를 넉넉히 섭취해야 한다. 우리의 몸은 칼슘을 스스로 생산하지 못하므로 음식을 통해 섭취해야 한다. 독일영양협회가 권장하는 일일 칼슘량은 1000밀리그램이다. 유제품 외에 케일, 시금치, 브로콜리, 루콜라, 씨앗류, 견과류, 무화과 같은 채소 그리고 탄산수에서 좋은 칼슘을 얻을 수 있다. 균형 잡힌 식습관을 가졌다면, 알약 형태의 칼슘 보충은 필요 없다. 그러나 만약 온종일 통조림 음식만 먹는다면 얘기는 달라진다.

비타민 D는 일반적으로 우리 몸이 직접 넉넉하게 생산할 수 있다. 그러려면 넉넉한 햇빛이 피부에 닿아야 한다. 매일 30분 정도는 햇빛을 받아야 한다. 그러나 문제는, 우리가 너무 많은 시간을 실내에서 보낸다는 것이다. 어쩌다 시간을 내서 햇빛으로 나갈 때면, 자외선 차단지수가 50인 선크림을 바른다. 선크림을 바르는 것은 한편으로 피부에 이롭다. 피부암을 예방하기 때문이다. 그러나 다른 한편으로 우리는 여름에 스스로 비타민 D 결핍을 초래한다. 선크림은 자외선 B도 막기 때문에 피부는 비타민 D를 생산할 기회를 잃는다. 모두가 두꺼운 옷을 입고 문밖으로 나서는 겨울에는 햇빛을 받을 수 있는 피부 표면이 매우 제한되기 때문에 문제가 더 커진다. 밤이 유난히 긴 베를린의 겨울에, 거의 모든 나의 환자들이 명확한 비타민 D 결핍을 보인다. 그래서 나 역시 겨울에는 비타민 D 영양제를 따로 챙겨 먹는다. 플로리다에 사는 노인이라면 당연히 약을 따로 먹지 않아도 된다. 그러나 독일과 같은 위도에 있는 나라라면(독일인 절반 이상이 비타민 D 결핍이다), 임시적인 대체물을 활용하는 것이 좋다. 비타민 D의 일일 권장량은 800~1000IU(국제단위)이다. 비타민 D는 지용성이므로, 기름이 있어야 흡수가 잘된다. 물이나 주스와 함께 복용해서는 안 된다. 그렇다고 기름기가 많은 튀김과 같이 먹으면 권장량을 과도하게 넘길 수 있으니, 올리브기름에 살짝 적신 빵조각 하나, 아보카도 한 조각 혹은 견과류 한 줌을 같이 먹는 것이 적합하다.

음식, 운동, 넉넉한 칼슘과 비타민 D 섭취. 이런 조합이면 당신은 골다공증 위험에서 벗어날 확률이 높다. 흡연과 과음 같은 위험요소는 당연히 줄여야 한다. 또한, 일정 나이가 되면 호르몬 수치를 정기적으로 측정하고 산부인과·비뇨기과·내분비과 전문의와 상담하라.

　이미 골다공증이라면, 당연히 의사의 약물처방과 치료 그리고 정기검진이 필요하다. 골다공증의 진행을 약 6개월 정도 멈출 수 있는 일종의 예방접종이 있다. 예방접종을 하면 뼈를 해체하는 열쇠가 더는 자물쇠에 맞지 않도록 하는 항체가 생긴다. 더 나아가 지금은 골다공증의 진행을 잠깐씩 멈출 뿐만 아니라 뼈의 재형성을 돕는 약이 있다. 이런 약물치료는 대부분 3년에서 5년이 걸린다. "그렇다면 그냥 소파에 가만히 앉아 있는 게 낫겠어. 5년이라니, 너무 길어." 당신이 등을 기대며 이렇게 말하기 전에 밝혀두건대, 갑작스러운 골절의 위험, 불안한 걸음걸이, 통증 등은 결코 즐겁지 않은 일이다. 그러니 위에 묘사한 예방책들을 꼭 실천하라. 그리고 골다공증 환자들도 이런 예방책을 지금이라도 지키면 약물치료가 지지를 받아 더 빨리 완치될 수 있다.

⇒ 결론

- 칼슘이 풍부한 식단으로 먹는다.
- 햇빛이 비타민 D 형성을 돕는다. 그러니 밖에서 충분히 시간을 보내자. 겨울에 비타민 D 결핍이 심하면 영양제로 보충할 필요가 있다.
- 움직이고, 움직이고, 또 움직여라. 그리고 근육운동을 잊지 마라.

혹시 류머티즘일까?

환자: 요즘 들어 거의 모든 관절이 아픕니다. 류머티즘인 거죠?

의사: 언제부터 그러셨습니까?

환자: 대략 한 달 전쯤부터요.

의사: 어떤 관절이 아프세요?

환자: 특히 손이요.

의사: 아침으로 손이 굳기도 합니까?

환자: 맞아요! 대략 30분 정도 그러다가 괜찮아져요.

류머티즘이 의심된다고 찾아온 환자와는 대략 이런 대화가 오간다. 류머티즘은 대부분의 사람들에게 두려운 병이다. 좋은 소식은, 그들 중 소수만이 진짜 류머티즘이라는 것이다. 그러나 검사를 해보는 것은 언제나 권할 만한 일이다. 류머티즘은 운동계에 생기는 여러 염증질환과 퇴행질환을 아우르는 상위 개념이다. 일반적으로 관절에 염증을 일으키는 류머티스성 관절염, 즉 부어오른 활막이 관절연골을 파괴하는 병을 뜻한다. 아무튼 류머티스성 관절염은 심장, 폐, 눈 같은 장기도 손상시킬 수 있다.

류머티스성 관절염은 공격적인 자가면역질환이다. 몸이 자신의 체세포를 '자기 것'으로 인식하지 못하고 '적'으로 알고 맞서 싸워 파괴하려 한다. 그러니까 몸은 이 불청객 세포를 쓸어내기 위해 청소차와 살수차로 무장한 경찰을 출동시킨다. 류머티스성 관절염이면 염증으로 인해 관절이 파괴되기 전에 지체 없이 꾸준히 치료를 받아야 한다. 시간을 놓쳐선 안 된다.

또 다른 자가면역질환으로는 1형 당뇨, 건선, 하시모토 갑상선염, 크론병이 있다. 독일의 경우 약 5퍼센트가 자가면역질환을 앓고, 1퍼센트가 류머티스성 관절염이다. 여자들이 더 자주 걸리고 40세 전후가 가장 많다. 그러나 어린이도 류머티스성 관절염에 걸릴 수 있다!

류머티스성 관절염은 어떻게 알아차릴 수 있을까?

혈액검사로 항체를 확인하고, 엑스레이를 촬영하고, 신티그램 scintigram 촬영으로 보완될 수 있다. 방사선의학에 속하는 신티그램 촬영은 방사성 표지 물질을 주입하여 특정 유형의 조직을 볼 수 있게 해준다. 류머티스성 관절염은 손관절과 발관절에 주로 발병한다. 손가락관절이 붓고 아침으로 손이 굳어, 류머티스성 관절염일까 걱정된다면, 손가락 끝마디 관절을 살펴보기 바란다. 손가락 끝마디 관절이 부었다면 류머티스성 관절염일 확률이 매우 낮은데, 류머티스성 관절염은 손가락 끝마디 관절에는 생기지 않기 때문이다.

위에 언급한 검사에서 정말로 류머티스성 관절염이 발견되더라도 크게 걱정하지 않아도 된다. 그사이 효능이 아주 좋은 약이 개발되었다. 그 대신 전제조건이 있다. 시간을 놓쳐선 안 된다!

아침에 눈을 떴을 때 팔이음뼈나 골반대에 갑자기 극심한 근육통이 있으면 얘기가 완전히 달라진다. 이것은 류머티스성 근육통으로, 인생 중후반에 그리고 주로 여자에게서 생긴다. 이 병의 이름은 류머티스성 다발근육통이다. 기운이 없고 통증이 극심하기 때문에 환자들이 몹시 힘들어한다. 환자들이 비록 코르티손 치료를 그다지 반기지 않지만, 일단 코르티손 치료를 시작하고 며칠이 지나면 증상이 금세 좋아진다. 치료가 끝나고 완치를 알리기 위해 환자들을 다시 만나는 일은 나에게 큰 기쁨이다. 이 질병 역시 면역체계의 방어반응으로 분류되고, 혈액검사로 확인된다.

마지막으로, 종종 '연조직 류머티즘'으로 잘못 불리는 섬유근육통을 짧게 살펴보자. 옛날에는 "모두가 한번쯤 들어는 봤지만 아직 아무도 그것을 직접 보지는 못했다."라는 모토에 따라 대부분 의사들이 이 질병을 '예티'(히말라야에 있다고 전해지는, 유인원을 닮은 전설적인 설인^{雪人} - 옮긴이)라고 부르며 무시했었다. 섬유근육통은 2014년에 비로소 세계보건기구로부터 독립된 질병으로 인정받았다.

섬유근육통은 쉽게 말해 결합조직 근육에 통증이 있다는 뜻이다. 이것은 의사와 환자 모두가 두려워하는 질병이다. 의사들은 치료하기가 힘들기 때문이고, 환자들은 대단히 아프고 무엇을 시도하든 치료 효과가 없을 때가 많기 때문이다. 그래서 독일에서는 이 질병을 종종 '고통의 올가미'라고 부른다. 독일의학협회^{AWMF}는 이 병의 진단과 치료의 방향을 안내하는 책자도 만들었다.

다양한 신체 부위에 나타나는 지속적인 통증, 수면장애와 피로, 탈진 상태와 우울증. 증상만 보더라도 벌써 섬유근육통의 진단이 쉽지 않음을 짐작할 수 있다. 예를 들어 번아웃^{burn-out}(탈진증후군) 환자들도 이런 증상을 보이기 때문이다. 섬유근육통은 신체기관 어딘가가 '망가진' 질병이 아니라 기능장애다. 다시 말해 뭔가가 제 기능을 하지 않는데다 눈에 띄는 원인이 없다. 그러므로 이 병을 진단할 때는 류머티스성 관절염 같은 다른 모든 신체질환 가능성을 주의해서 살펴야 한다.

이렇듯 진단부터 간단하지 않지만, 치료는 더 어렵다. 이 질병은 치료하기가 극단적으로 어렵다. 지구력 훈련, 자세요법, 체조, 다양한 통증치료, 항우울제 등 여러 치료법이 권장된다. 이 중에서 신체 운동이 가장 권장된다.

⇒ **결론**

- 류머티스성 관절염이 의심되면 반드시 검사를 받는다. 확진을 받으면, "hit hard, hit early(열심히 그리고 서둘러 공격하라)".
- 손가락 끝마디 관절이 아프면, 다발성 관절염일 확률이 높다.
- 팔이음뼈와 골반대가 아프면, 류머티스성 다발근육통을 의신한다.
- 예티가 아니라 섬유근육통이다.

앉아 있는 것이 흡연만큼 나쁠까?

"오래 앉아 있는 것은 제2의 흡연이다." 바야흐로 이런 슬로건이 단단히 뿌리를 내렸다. '앉아 있다'는 말에는 부정적인 이미지가 담겨 있다. 예를 들어, 학교 성적이 나쁘면 방과 후에도 교실에 앉아 있어야 하고, '카우치 포테이토 couch potato (소파에서 포테이토칩을 먹으며 뒹군다는 뜻)'는 소파에서 내려오지도 못한다. 앉아 있는 것은 고혈압, 당뇨, 허리통증 등을 부추기고 더 나아가 수명을 단축시킨다. 사실, 독일인은 직장에서 그리고 여가시간 대부분을 앉아서 보낸다. 연구에 따르면, 하루의 절반 이상을 책상에 앉아 있고 컴퓨터나 텔레비전 앞에서 보낸다. 대단하게도 독일인은 하루에 평균 일곱 시간에서 아홉 시간을 앉아서 보낸다! 이것은 등이 구부정한 나쁜 자세, 근육 긴장, 뒷목통증, 두통, 심혈관순환장애를 일으킨다. 그런데 앉아 있는 것이 도대체 왜 허리를 아프게 할까?

허리는(우리가 보통 허리라고 부르지만, 사실 그것은 요추를 의미한다) 직립보행이라는 진화의 결과 때문에 극도로 강한 부담을 받게 되었다. 특히 아래 요추의 추간판 두 개가 가장 막대한 부담을 받는다. 누구든지 늦어도 30세부터 이 추간판이 마모되기 시작한다. 그러므로 MRI 사진에서 요추 추간판의 마모 흔적이 보이는 것은 걱정할 일이 아니라 자연스러운 노화 현상이다. 나 역시 마지막 요추에서 추간판탈출증이 있고, 의료보험조합은 친절하게도 '척추 부상으로 직장생활 불가' 판정을 즉시 내려주었다. 그 정도 손상 때문에 병원을 그만 둬야 한다면, 나는 한 푼도 벌지 못할 것이다.

이런 추간판 손상은 우리의 현대적 일상과 밀접한 관련이 있다. 사무실에 오래 앉아서 일하기, 부족한 움직임, 과체중이 대표적 요인이다. 흥미롭게도, 앉아 있는 것이 서 있는 것보다 척추에 더 무리를 준다. 추간판을 누르는 하중은 당연히 누웠을 때 가장 낮다. 추간판 입장에서 하중이 낮은 순으로 정리하면 다음과 같다. 똑바로 서기, 보통 자세로 앉기, 상체를 앞으로 기울여 앉기, 허리를 숙이고 물건 들

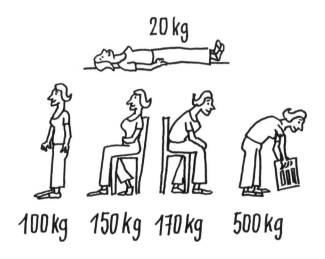

자세에 따라 추간판에 가해지는 부담이 다르다.
이에 따르면, 우리는 온종일 누워 있는 것이 가장 좋을 테고,
허리를 숙인 자세로 무거운 음료수 박스를 들어 올려선 절대 안 될 것이다.

어 올리기. 다시 말하면, 구부정하게 앉기는 허리를 숙이고 물건을 들어 올리는 것 다음으로, 추간판과 허리에 문제를 일으킬 수 있는 나쁜 자세이다.

'나쁜 자세로 앉기'는 똑바로 서기보다 거의 두 배로 추간판을 압박한다. 그래서 '오래 앉아 있는 것은 제2의 흡연이다.'라는 슬로건도 관철되었다. 허리통증은 국민병 넘버원이다. 잘못은 우리 자신에게 있다. 독일의 경우 거의 두 명 중 한 명이 과체중이고, 네 명 중 한 명이 심지어 비만이다. 생체 메커니즘으로 볼 때, 불룩한 배는 재앙이다. 그것은 앞으로 멘 배낭처럼 추가로 요추에 부담을 준다. 게다가 우리는 너무 적게 걷는다. 이른바 피트니스 트래커Fitness Tracker가 생긴 이후로, 우리들 대부분이 얼마나 적게 걷는지가 비로소 드러났다. 하루에 만 보를 걷거나 애플워치 3단계에 도달하는 사람이 과연 있을까? 반면, 우리는 아주 쉽게 몇 시간씩 앉아 있다. 그것이 치명적인 결과를 가져온다.

어쩌면 당신은 따지고 싶을지 모른다. "사무직 노동자인 내가 뭘 할 수 있단 말인가? 상사에게 가서 '사무실 업무가 내 건강을 해칩니다'라고 항의해야 할까?" 물론 틀린 말은 아니지만, 상사에게 이렇게 말해봐야 따가운 코멘트 그 이상을 기대하긴 어려울 것이다. 그러므로 당신의 일상에 몇 가지 변화를 꾀하는 것이 허리에 더 좋다. 이를테면, 가끔씩 자동차 대신 자전거로 출근하면 어떨까? 엘리베이터 대신 계단을 이용하면? 높이 조절이 가능한 책상이나 서서 일할 수 있는 테이블이 척추의 무리를 더는 데 도움이 되고, 의자에만 앉지 말고 가끔씩 짐볼(스트레칭이나 요가를 할 때에 사용하는 크고 말랑말랑한 공)에 앉으면 허리통증이 완화된다. 짐볼은 불안정하기 때문에 앉아 있기만 해도 자동으로 요추 부위의 근육이 강화된다. 어떤 식으로든 짐볼을 구할 수 있으면, 목표로 한 운동을 위해 매일 30분씩 그 위에 앉아 균형을 잡아라. 이때 특히 중요한 것은 복근과 허리근육을 강화하는 것이다. 핵심어는 '코어 안정성Core Stability'이다. TRX(전신저항운동), 크로스핏(여러 종류의 운동을 섞어 단기간·고강도로 행하는 운동법), 플랭크, 고강도 훈련, 요가, 필라테스 등 어떤 운동이냐는 중요하지 않다. 핵심은 당신이 어쨌든 코어 근육을 단련한다는 데 있다. 초콜릿복근, 불끈 솟은 근육, 보디빌더의 근육이 아니라, 지속적으로 강하게 기능하는 근육을 길러야 한다. 큰 회사들에서는 벌써 이와 관련된 건강 강좌를 열고 있다. 바야흐로 독일 기업들에도 헬스클럽과 요가 연습실이 생겼다. 애플, 구글, 마이크로소프트 같은 미국의 선도 기업에서는 이런 것들이 오래전에 표준으로 자리를 잡았다. 운동을 위한 정기 휴식시간이 직원의 실적을 높이고 결근을 줄인다는 연구결과가 있다. 이걸 이용해 게으름을 피울 못된 생각을 하는 사람은 정말로 못된 사람이리라. 고용주의 관점에서 직원의 실적을 높이는 것은 당연히 멋진 일이다. 그러나 당신에게도 이익이라는 사실을 잊지 마라. 낭신의 몸이 고마워할 것이고, 월급을 받으면서 근무 중에 운동을 할 수 있으면 당신의 지갑도 활짝 웃을 것이다.

다시 한번 강조하건대, 고통을 견디며 몇 시간씩 운동하라는 게 아니다. 책상에서 자주 자세를 바꾸고, 가끔씩 자리에서 일어나고, 몇 걸음을 걷거나 스트레칭을 하면, 당신의 허리를 위한 첫걸음이 벌써 떼어진 것이다. 앉아 있는 것은 칼로리 소비를 줄이고 혈중 지방 수치를 높이고 체중 증가를 야기하고 근육을 없앤다. 뒷목이 딱딱하게 굳는 고전적인 문제 역시, 모든 사무직 노동자가 알고 있듯이, 머리를 앞으로 숙이고 앉아 있는 자세에서 비롯된 결과이다. 이런 자세에서는 경추와 뒷목에 가해지는 부담이 보통 자세보다 몇 배가 높다.

· 명확히 눈에 띄는 '컴퓨터거북목' 혹은 '핸드폰거북목'.
사무직 노동자의 전형적인 자세. 그 결과는 뒷목경직과 두통이다.

뒷목통증과 긴장성 두통이 바로 이런 과잉 부담의 결과다.

나 자신도 예전에 허리를 숙이고 오래도록 서서 수술을 하고 나면 통증이 이만저만이 아니었다. 수술 뒤에는 거의 신발조차 신을 수 없었고, 자동차에 깊이 앉았다 일어나기가 너무나 힘들었다. 환자들을 진료하기 전에 동료에게서 '진통제 주사'를 맞고 그럭저럭 하루를 견뎌내던 때가 있었다. 그리고 마침내 나는 내가 환자들에게 주었던 조언을 마음에 새기고 나의 '코어 안정성'을 위해 열심히 노력했다. 수영으로 시작해서 그다음 TRX 그리고 이제는 필라테스까지 한다. '코어 안정성'을 위해 단련해야 하는 것은 표면 복근과 내부 복근, 허리 근육, 골반 그리고 엉덩이다. 그리고 내가 할 말은 하나뿐이다. 목표가 명확한 이런 근육 단련은 환자뿐 아니라 의사에게도 도움이 되었다! 나는 그 이후 거의 다시는 허리통증이 없었다. 비록 MRI 사진에서는 나의 요추가 끔찍해 보이지만 말이다. 동료 의사들이 그 사진을 본다면, 그들은 즉시 나를 수술대에 눕히려 할 것이다.

그러므로 당장 정신 차리고, 앉아서 보내는 일상에 변화를 주어라. 이때 당신을 도와줄 '7분 워크아웃' 같은 앱이 수천 개나 있다. 또한 사무실에서 잠깐씩 쉽게 할 수 있는 간단한 동작들을 소개하는 인터넷 사이트도 헤아릴 수 없이 많다. 매일 규칙을 정해 그대로 실행하라. 그러면 허리통증이 사라지는 걸 경험하게 될 것이다. 거의 모든 허리통증은 보존적 치료법으로 해결된다. 수술이 필요한 경우는 아주 극소수에 불과하다. 앉은 자세를 바꾸고, 기회가 있을 때마다 계단을 오르라. 많은 사람들이 스텝퍼운동을 하기 위해 엘리베이터를 타고 헬스클럽에 가는 걸 볼 때마다 나는 놀라지 않을 수 없다. 정말 우스꽝스러운 장면이 아닌가! 아무튼 전화통화 회의는 걸으면서 훌륭히 해결할 수 있고, 심지어 걸을 때 종종 더 좋은 아이디어가 떠오른다.

⇨ 결론

- '척추'는 종종 요추나 경추에서 문제를 일으킨다.
- 오래 앉아 있기, 특히 책상에서처럼 머리를 앞으로 숙이고 앉아 있는 자세는 척추에 과잉 부담을 준다. 그 결과 뒷목이 아프고 긴장성 두통이 생기고, 이것이 점차 아래로 번진다.
- 앉기, 걷기, 서기를 교대로 하라. 직장에서 할 수 있는 짧은 운동 계획을 세워라.
- 작업환경을 최적화하라. 좋은 의자, 높이 조절이 가능한 책상, 서서 일할 수 있는 테이블 등만 마련해도 벌써 도움이 된다.
- 통증이 있을 때는 물리치료와 온찜질로 근육을 이완해준다.
- 스트레스 줄이기와 체중 줄이기 역시 중요하다. 그리고 근육 단련도 중요한데, 특히 코어 근육을 단련해야 한다.
- 좋은 침대 역시 기적의 효과를 낼 수 있다.
- 안경이 필요한 건 아닌지, 시력검사를 한번 받아보라.

허리통증이 신종 번아웃일까?

나의 아내도 이미 잘 아는 현상으로, 크리스마스가 다가오면 내가 아는 모든 남자들이 퇴근 후 언제나 허리가 아프다. 크리스마스가 다가오면 아내는 매번 걱정스러운 얼굴로, 주사약이 충분히 남아 있는지 묻는다. 그러면 나는 마치 마약딜러가 된 기분이다. 그러니까 정확히 이런 일이 벌어진다. 얼마 전까지 필드나 테니스장에서 퍼팅이나 스매싱을 했던 남자들조차도 사흘 동안 집에서 놀면서 크리스마스트리에 장식구슬을 다섯 개쯤 달면 어김없이 허리가 아프다. 마치 이런 '막대한 가족 스트레스'와 '집에 있어야 하는 갑갑함'이 '미니 번아웃'을 야기하는 것처럼 보인다. 나는 이것을 '크리스마스 번아웃'이라고 부른다. 매년 정확히 크리스마스 직전에 나타나기 때문이다. 크리스마스 번아웃 환자들이 휴일 직전에 병원으로 몰려오고, 그러면 그들은 성탄 연극 연습에 아이를 데려다주거나 크리스마스에 먹을 거위를 찾으러 가는 힘거운 일에서 벗어난다.

언뜻 보기에 '꾀병'처럼 보이지만, 이 병에는 진지한 원인이 있고 학계에서는 이것을 '휴가병'이라 부른다. 방학이나 연휴가 시작되면서 스트레스호르몬 분비가 급작스럽게 준다. 힘들게 일한 뒤 혹은 분주한 하루를 끝내고 조용히 쉴 수 있게 되면, 우리의 몸은 녹초가 된다. 그 결과를 우리는 면역체계에서 확인할 수 있다. 고전적으로 휴가 때 감기나 여타 감염을 앓는다. 네덜란드의 연구에 따르면, 60퍼센트가 휴가 첫날에 감기에 걸린다. 더불어 감염 혹은 크리스마스 같은 순간적인 낯선 스트레스가 우리 운동계의 약한 지점을 공격한다. 그러면 직립보행으로 강한 압박을 받고 자연적인 마모가 진행 중인 요추가 주요 타깃이 된다. 스트레스호르몬 감소로 통증 감각과 통증 인내의 한계가 갑자기 낮아지기 때문에 생기는 현상이다.

'크리스마스 번아웃' 예방법

- 휴가 전에 스트레스를 단계적으로 줄이려 노력하라. 휴가 때까지 호르몬을 잘 간직하려면, 평소에 더 자주 휴식시간을 가져라.
- 휴가 초기에는 충분히 자고 자연 속에서 지내고 목욕과 사우나로 근육을 이완시켜라.
- 평소에 코어 근육을 단련하고, 휴일에도 근육을 계속 써야만 급작스러운 허리통증을 예방할 수 있다.

이런 미니 번아웃의 전형적인 사례를, 나는 나이 든 남자들에게서 자주 본다. 그들은 대개가 50세 이상이고 직장생활도 만족스럽지 못

하다. 그들은 아직 승진할 기회가 있을 거라고 몇 년째 자신을 다독여왔지만 이제 그 자리는 더 젊은 직원이 차지하고 자신은 오히려 지위가 강등되는 경험을 한다. 그때까지 부여잡고 있었던 인생모델이 부서지고 만다. 많은 경우 이런 경험이 갱년기 초기와 겹친다. 배가 나오고 가슴이 좁아지고 성욕이 감퇴한다. 이런 '중년의 번아웃'은 종종 허리통증과 같이 오는데, 전체적으로 몸이 예전처럼 강하지 않기 때문이다. 이 시기가 되면, '기개를 보이다' 혹은 '어깨가 든든하다' 같은 은유적 표현들이 더는 통하지 않는다. 그리스신화에서 아틀라스는 제우스의 벌을 받아 천체를 등에 지고 있다. 이것은 아틀라스의 몸과 정신이 그만큼 강했기 때문에 가능한 일이었다. 그러나 우리의 환자들은 몸과 정신이 모두 무너진 상태다.

휴식이 찾아오면 먼저 배터리가 방전된 기분이 든다. 스트레스호르몬이 갑자기 감소하면서 쉽게 감염되고 운동계가 약해진다.

이런 '중년의 번아웃'에서는, 생체나이와 달력나이 모두 중요한 역할을 한다. 우리 의사들은 환자의 신체 상태를 생체나이로 부른다. 건강하게 먹고 운동을 하고 담배를 피우지 않은 60세 환자는, 젊었을 때부터 육체노동을 힘들게 했고 담배를 많이 피운 50세 환자보다 생체나이가 더 어릴 수 있기 때문이다. 달력나이는 신분증에 있다. 그것은 우리에게 기본 틀을 제시하고 우리는 그것을 기준으로 생체나이를 조율하고 어쩌면 수명을 약간 늘릴 수 있다. '40대 같은 50대'라는 표현이 이쪽 방향을 겨냥한 것이다. 이른바 '꽃중년'들이 스스로 신분증 나이보다 더 젊게 느끼는 것은, 그들이 실제로 이전 세대보다 건강을 더 많이 돌보기 때문이고, '젊고 활기차게' 살아야 하는 사회적 압박이 높아졌기 때문이다. 그러다 어느 날 스스로 느끼는 나이와 다른 사람들이 인식하는 나이에 차이가 생기고, '고물' 취급을 받고, 거울에 비친 모습이 신분증 나이와 가까워지면, 많은 이들의 정신이 칼에 베인 것 같은 깊은 상처를 입는다.

여자들 사이에서는 폐경기부터 호르몬제를 먹는 것이 아주 자연스러운 얘기인 반면, 갱년기 남성들 사이에서는 아직 일반적이지 않다. 비록 테스토스테론 수치를 측정하지만, 테스토스테론이든 성장 호르몬이든 호르몬 보충을 언제 하는 것이 좋고 과연 해야 하는 건지는 예나 지금이나 논란이 많다. 미국은 독일보다 남자들의 호르몬 보충에 관대하다. 호르몬을 보충할 때는 언제나 당연히 전립선암이나 그 비슷한 병의 위험이 고려되어야 한다. 그러나 확신하건대 독일에서도 앞으로 많이 달라질 것이다. 골밀도와 골다공증 예방 관점에서 남성의 호르몬 보충이 토론될 필요가 있기 때문이다.

다시 척추로 돌아가서, 번아웃은 왜 그렇게 빈번히 척추를 통해 드러날까? 허리통증은 우리 몸이 보내는 SOS신호다. 병원에 가는 걸 꺼려하는 남자들에게는, 정신적 문제로 정신건강의학과의 '영혼치료사'에게 가는 것보다 허리통증으로 정형외과에 가는 것이 더 간단하다. 그들의 관점에서는 '뼈의사'를 방문하는 것이 사회적으로 더 수용할 만하고, 모르는 사람이나 동료들에게 얘기하기도 더 쉽다. 그리고 비록 정신과 몸이 함께 일한다는 의식이 그사이 커졌더라도, 허리통증을 고민하는 것이 당장의 인생과 정신 상태를 고민하는 것보다 더 쉬워 보인다. 여기서 잠깐 물리치료를 받고 저기서 잠깐 운동을 하면 낙엽이 대충 치워진다. 그러나 좀 더 자세히 살필 필요가 있다. 다음의 체크리스트를 통해 자신의 번아웃 위험이 어느 정도인지 간단히 점검해보기 바란다.

번아웃 위험 체크리스트(해당하는 항목에 표시하시오.)

- 의욕 저하 ☐
- 부담감 ☐
- 집중력 저하 ☐

- 피로감과 불면증 ☐
- 우울감 ☐
- 쉽게 화가 난다 ☐
- 사는 게 재미없고 전체적으로 참여 욕구가 없다(친구, 가족, 취미에도 소홀해진다) ☐
- 자신감 저하 ☐
- 섹스 감소 ☐
- 허리통증 ☐
- 두통 ☐
- 소화불량 ☐

체크된 항목이 많은 사람은 정형외과 의사하고만 통증을 얘기해선 안 된다. 허리통증의 원인은 당연히 밝혀져야 하지만 이때 신체적 원인뿐 아니라 다른 요소들도 점검해야 한다. 다양한 통계가 보여주듯이, 독일 직장인의 5분의 1이 이미 번아웃 비슷한 단계를 경험했고 점점 많아지는 추세다. 업무능력 상실, 조기 퇴직, 사회적 퇴보가 그 결과일 수 있다. 또한 영화배우 르네 젤위거Renée Zellweger, 스키점프선수 스벤 한나발트Sven Hannawald, 래퍼 에미넴Eminem 혹은 스타 셰프 팀 맬처Tim Mälzer 등 이미 번아웃을 경험한 유명인들의 사례는 아주 많다. 그러므로 허리통증이 있을 땐 눈을 크게 뜨고 두루 살펴야 한다. 이것은 환자뿐 아니라 의사에게도 똑같이 적용되는 주의사항이다. 만약 명확한 신체적 원인이 발견되지 않으면 심리학자 같은 다른 전문가를 꼭 만나봐야 한다.

⇒ 결론

- 허리통증은 몸이 보내는 경고 신호다.
- '허리' 뒤에는 번아웃증후군이 숨어 있을 수 있다.
- 크리스마스 혹은 방학 기간에 미니 번아웃이 있다.
- 그리고 갱년기에 오는 중년의 번아웃도 있다.
- 고전적인 번아웃은 나이와 인생 단계를 고려하지 않는다. 허리통증의 신체적 원인이 발견되지 않고 다른 증상(체크리스트 참고)이 더해지면, 자신이 처한 현재 상황을 더 자세히 살펴야 한다.

라임병일까?

나는 병원에서 이 질문을 점점 더 자주 듣는다. 라임병을 일으키는 보렐리아균은 생각만 해도 끔찍한 작은 나선형 박테리아다. 따뜻한 계절에 진드기를 통해 불시에 우리에게 전달된다. 독일에서는 진드기의 약 4분의 1이 보렐리아균을 가지고 있고, 점점 늘어나는 추세다. 다행히 모든 진드기가 이 균에 감염된 것은 아니다. 또한 감염된 진드기에게 물렸다고 해서 모두 라임병에 걸리는 것도 아니다.

의학 교재에 따르면, 보렐리아균에 감염되면 둥글게 홍반이 생기는데 이것은 계속해서 넓어지고 서서히 가운데에 핏기가 없어진다. 의학계는 이것에 아주 시각적인 이름을 붙였다. 유주성 홍반(과녁 모양의 반점). 이런 홍반이 자동으로 진드기가 문 그 자리에 생기는 게 아니다(하기야, 어디를 물렸는지 알기도 어렵지만). 아무튼 의학 교재에 따르면, 보렐리아균에 감염되면 결과적으로 뇌와 신경 그리고 관절에 문제를 일으키는 모든 질병이 등장할 수 있다.

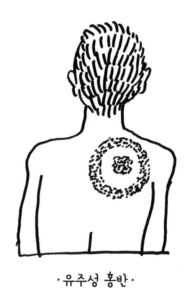

·유주성 홍반·
과녁 모양의 붉은 반점은 보렐리아균에 감염됐다는 표시다.

진드기에 물려 보렐리아균에 감염되면 이후의 진행 과정은 암실과도 같다. 다음에 무슨 일이 벌어질지 아무도 정확히 모른다. 특징적인 주요 증상이 첫째 날은 물론이고 심하면 몇 주에 이르기까지 전혀 나타나지 않는 경우가 많다. 아픈 기분, 기운 없음, 근육통, 발열 같은 일반적인 증상들이 먼저 나타난다. 눈에 띄는 증상이 없다 보니 진단 내리기가 힘든 것이 큰 문제다. 라임병은 1분 1초가 중요한 병이기 때문이다. 치료에 성공하려면 늦지 않게 항생제를 써야 한다. 시간을 놓치면, 몇 주 뒤 혹은 심지어 몇 달 뒤에 박테리아가 온몸에 퍼져 뇌, 신경계, 심장, 관절에 도달하여 뇌막염, 마비, 심부전 등 다른 질병을 야기할 수 있다. 그러면 장기적으로 이 병원균은 몇 년씩 신경계, 피부, 관절에 머물며 만성 질환의 원인이 될 수 있다.

정말이지 소름 끼치는 일이 아닌가! 그렇다면 뭘 어떻게 해야 할까? 제일 좋기로는, 우선 진드기에게 물리지 않는 것이다. 숲이나 들판을 걸을 때는 밝은 색상의 옷을 입어야 한다. 그래야 못된 진드기가 눈에 잘 띈다. 산책 뒤에는 언제나 몸 구석구석을 철저히 살펴야 한다. 개나 고양이 같은 반려동물의 몸도 마찬가지다. 진드기를 발견했다면 즉시 떼어내야 한다. 감염 위험은 진드기가 몸에 머무는 시간과 비례하니까! 핀셋으로 진드기를 조심스럽게 집어내야 한다. 눌러 터트려선 안 된다. 몸을 좌우로 흔들어 털어내라는 조언은 완전히 잘못된 것이다. 진드기의 몸에서 나온 액체가 몸에 묻었다면 병원에 가서 그 흔적을 지워야 한다. 그런 다음 혹시 어딘가에 피부 반응이 있는지 며칠 동안 꼼꼼히 살펴야 한다. 이른바 홍반이 생기면 즉시 병원에 가서 항생제 처방을 받아야 한다. 항생제는 14일 이상 복용하는 것이 좋다.

만약 홍반이 생기고 몇 달 뒤에 관절이 아프다면(주로 무릎), 어떻게 될까?

그러면 라임병일까? 말하기 어렵다! 혈액검사를 해보면, 면역체계가 보렐리아균과 대결한 적이 있었는지를 알 수 있다. 그러나 그것이 관절통의 원인인지, 혹은 옛날 전투의 흔적인 그 유명한 '피에 남은 흉터'인지 명확히 구분할 수 없다. 이때 관절 조직검사가 힌트를 줄 수 있다. 정밀 조직검사로 박테리아 물질이 관절에 있는지 확인할 수 있다. 보렐리아균 감염의 약 10퍼센트에 해당하는 관절 감염이 확인되면 몇 주 동안 항생제를 복용해야 한다.

⟹ 결론

- 제일 좋은 것은, 진드기에게 물리지 않는 것이다. 밝은 색상의 옷을 입어라. 대부분의 벌레퇴치 스프레이가 진드기를 쫓는 데 도움이 된다.
- 진드기가 몸에서 발견되면 즉시 떼어내야 한다. 몸에 피부 반응이 있는지 잘 살펴라.
- 반려동물의 몸에도 진드기가 있을 수 있으니 주의하라!

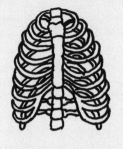

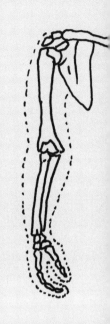

가장 흔한 질병

- 진단과 치료법 -

"이 나라에 과연 정형외과 의사가 필요할까?" 최근에 기차여행을 하다가 독일의 주요 일간지에서 이런 질문을 읽었다. 나는 너무 놀라 하마터면 의자에서 떨어질 뻔했다. 응급외과 의사가 골절을 치료하고, 가정의학과 의사가 무릎과 허리에 주사를 놓거나 교정기를 처방할 수 있고, 물리치료사나 접골사가 나머지를 충분히 담당할 수 있다는 것이, 기사의 취지였다.

당연히 그것에 대해 나는 할 말이 있다! 정형외과는 교정기를 처방하고 몸 어딘가에 주사를 놓는 것보다 훨씬 많은 일을 한다. 정형외과는 내과와 외과, 보존적 치료와 수술치료, 급성치료와 재활치료, 종합병원과 일반병원의 기발한 혼합이다. 정형외과전문의 대부분이 류머티즘 전문가이고, 류머티스성 관절염, 통풍, 건선성 관절염, 강직성 척추염 같은 질병들을 치료한다. 정형외과 의사는 내반족, 골반기형, 굽은 척추 같은 소아정형외과 질병을 치료한다. 그들은 의수족, 코르셋, 교정기가 필요한 환자와 근육경직 환자를 담당한다. 그들은 후천성 기형과 선천성 기형, 골종양과 결합조직 종양을 발견해내고 치료하고, 추간판탈출증이나 전신마비 같은 정형외과 질병 환자들과 수술 환자들이 다시 개인생활과 직장생활을 해나갈 수 있도록 돕는다. 정형외과 의사는 응급의학 및 외상의학과 의사로서 운동계에 발생한 골절과 부상을 치료한다. 그들은 뼈의 마모와 밀도를 살피고 손발처럼 복합적인 골격을 수술한다.

그러므로 나는 반문한다. 정형외과 의사 없이 양질의 의학적 보살핌이 과연 가능할까?

대답은 당연히 "아니다!"이다.

앞으로 정형외과에서 하는 일이 물리치료와 교정기 처방 그 이상임을 설명하고자 한다. PART 5에서는 가장 흔한 정형외과 질병과 그것의 진단법과 치료법을 다룬다. 우선 엑스레이, 통증치료, 수술에 관한 일반적인 정보부터 살펴보자.

엑스레이는 몸에 나쁠까?

엑스레이가 몸에 해로울까? 적어도 엑스레이 검사를 거부하는 적지 않은 사람들이 그렇게 생각한다. 엑스선이 얼마나 위험한지는 모두가 알기 때문에, 최근에 공항직원은 내게 이렇게 말했다. "걱정 마세요. 이 전신스캐너는 전자기선만 사용합니다." 아하, 그런가요! 전자기선이란 마테호른 같은 고지대의 태양광선, 병원의 엑스선, 부엌의 전자레인지광선, 라디오의 방송전파 모두를 지칭한다. 세포의 유전자를 손상시킬 수 있는 에너지와 주파수를 가진 광선은 몸에 해롭다. 방사선, 감마선, 엑스선, 자외선이 여기에 속한다. 그러니 전신스캐너 광선의 원리와 종류는 엑스레이와 똑같다.

엑스레이 검사는 정형외과에서 가장 중요한 진단 과정이다. 예를 들어 무릎관절의 마모 혹은 골절 같은 질병을 확실하게 확인하고 확정할 수 있게 해준다. 독일 물리학자 빌헬름 콘라트 뢴트겐^{Wilhelm Conrad} Röntgen(1845~1923)이 1895년에 이 광선을 발견하여 자신의 이름을 붙였고(독일에서는 엑스레이를 '뢴트겐'이라 부른다 – 옮긴이), 이 발견으로 1901년에 노벨상을 받았다.

음극과 양극으로 구성된 아주 단순한 형태의 엑스레이 관에서 엑스선이 생성된다. 고압 상태에서 전자가 빠른 속도로 음극에서 양극으로 보내진다. 전자가 양극에 도달하면 급제동이 걸리고, 그 과정에서 특유의 광선이 생성된다. 엑스선이 인체와 만났을 때도 같은 현상이 생긴다. 엑스선은 충돌한 물질에 따라 다양한 강도로 약해진다.

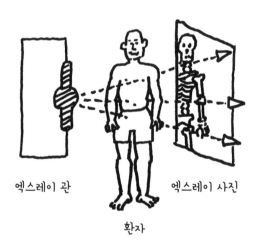

엑스레이 관　　　엑스레이 사진

환자

엑스레이 검사는 특히 골절이나 마모 상태를 확인할 때,
정형외과에서 가장 중요한 진단 과정이다.
광선이 통과할 수 없는 조직일수록 더욱 선명하게 사진에 남는다.

이때 생성된 광선이 엑스레이 사진에 남는다. 예를 들어 뼈처럼 광선이 통과하지 못하는 조직은 엑스레이 사진에 하얀 구조를 남긴다.

엑스선은 세포 변이를 일으킬 수 있고 유전자(DNA)를 손상시킬 수 있다. 최악의 경우 암도 유발할 수 있다. 그러므로 광선 보호막이 매우 중요하다. 엑스레이 검사 때는 광선에 아주 약한 생식기 부분을 납 앞치마로 가려야 한다. 또한 임신 기간에는 연약한 태아를 보호하기 위해 엑스레이는 절대 금지다. 그러나 이제 당신이 "봐! 역시 몸에 해롭잖아!"라고 외치기 전에 밝혀두건대, 엑스레이는 건강을 해칠 수 있는 잠재된 위험성보다 효용성이 월등히 높다. 독일에서는 엑스레이 검사가 매년 1억 회 이상 이루어진다. 그러니까 모든 독일 국민은 평균적으로 1년에 한 번씩 엑스레이 검사를 받는다. 오늘날 사용되는 새로운 디지털 엑스레이 기기는 옛날 아날로그 기기보다 광선 위험이 훨씬 낮고, 게다가 후속 작업도 디지털화되었다. 독일의 엑스레이 시설은 자주 점검되고, 모든 엑스레이 촬영이 꼼꼼하게 문서로 기록된다. 담당 전문의는 정기적으로 엑스레이 기기의 품질을 갱신해야 한다. 독일의 엑스선 보호정책은 훌륭하다. 엑스레이 검사는 안심해도 될 만큼 위험이 아주 적다. 그러므로 과도하게 두려워할 필요가 전혀 없다.

몇몇 간단한 비교로 이것을 증명할 수 있고, 당신의 근심을 조금 덜어낼 수 있다. 우리 몸은 병원 바깥에서도 방사선 위험에 매일 노출된다. (방사선 강도는 시버트 단위로 표시한다.)[시버트(Sv)는 생물학적으로 인체에 영향을 미치는 방사선의 양을 나타내는 단위다 – 옮긴이] 방사선에는 자연방사선과 인공방사선이 있다. 자연방사선에는 대기 중의 라돈, 지표감마선, 태양과 은하수와 먼 은하계에서 나오는 광선이 속한다. 자연방사선은 1년에 대략 2.4mSv이다. 인공방사선은 인간이 만들어낸 광선으로, 핵발전소와 텔레비전 그리고 연구실과 병원에서 사용하는 방사선이 여기에 속한다. 인공방사선은 1년에 약 1.5mSv이다. 우리가 일상에서 노출되는 자연방사선보다 월등히 낮다. 자연방사선과 인공방사선을 합해도 1년에 고작 3.9mSv이다.

이 모든 것을 이해하기 쉽게 전달하기 위해 여기 몇 가지 실생활의 예를 요약해둔다.

- 텔레비전 100시간 시청: 0.01mSv
- 대서양 횡단비행: 0.1mSv
- 2000미터 이상의 고지대에서 받는 추가적인 방사선: 0.6mSv
- 골반 엑스레이 촬영: 0.1mSv
- 요추 엑스레이 촬영: 0.4mSv
- 유방 엑스레이 촬영: 1.0mSv
- 심장 카테터(심장 및 순환기의 다양한 질병을 진단하고 치료하는 데 사용 – 옮긴이): 10mSv

위 예시를 봐도 엑스선의 위험 비율을 아주 잘 비교할 수 있다. 그러니 다음에 있을 엑스레이 촬영을 두려워하기 전에, '마일리지카드'를 잠깐 확인해보고 지금까지 받은 방사선 부담을 계산해보라. 그것에 비하면, 예정된 골반 엑스레이 촬영은 새 발의 피일 것이다. 무릎관절 엑스레이 촬영으로 암에 걸려 죽을 위험은 백만 분의 1로, 1년 안에 번개를 맞을 위험과 같다.

보통의 엑스레이와 반대로 CT(컴퓨터단층촬영)는 훨씬 더 비판적으로 볼 만하다. CT 촬영은 일종의 엑스레이 단층촬영이므로, 예를 들어 폐의 CT 촬영은 방사선 부담이 10mSv인 반면, 폐의 엑스레이 촬영은 고작 0.2mSv이다. 그래서 CT 촬영은 엑스선 없이 자기장을 이용하는 MRI 촬영에 점점 더 밀리고 있다.

⇒ 결론

- 엑스레이 검사는 사진 진단법으로, 위험보다 효용성이 월등히 높다. 엑스레이 검사에서 노출되는 방사선 부담보다, 휴가 때의 비행과 알프스 정상 등반에서 노출되는 방사선 부담이 더 높다.
- 독일의 엑스선 보호정책은 매우 훌륭하다. 전문의만 엑스레이 촬영을 할 수 있고, 책임감 높은 의사들이 신중하게 엑스선을 사용한다.
- 자주 혹은 정기적으로 엑스레이 검사를 받아야 한다면, 엑스레이 촬영 기록부를 만들어 모든 검사를 기록해둘 필요가 있다. 그러면 의사와 환자는 엑스선 부담을 잘 조망할 수 있고 불필요한 이중 검사를 피할 수 있다.
- 한마디로 과도한 두려움을 버려라.

통증치료

운동계 질환으로 고통을 겪어본 사람이라면 모두가 그에 속한 통증을 잘 알 것이다. 기본적으로 그런 통증 때문에 사람들이 정형외과를 찾는다. 대부분의 환자들은 처방전 없이 약국에서 살 수 있는 약들을 이미 두루 복용해본 뒤에 병원에 온다. 예전에 먹다가 중단하여 집 어딘가에 처박혀 있던, 처방전이 필요한 약을 찾아 먹는 경우도 있다. 처방전 없이 약국에서 사다 먹은 약 중에서 3분의 1로 가장 많은 부분을 차지하는 약이 바로 진통제다.

의사와 면담할 때는 애석하게도 이런 셀프 처방이 종종 감춰진다. "드시는 약이 있습니까?"라는 질문에 모호한 대답이 나온다. "대략 이 정도 크기의 작은 알약이요." 이런 알약이 혈액 응고, 즉 혈전증 위험을 높이고, 이어질 치료에 아주 중요한 정보임에도 아무튼 기꺼이 망각한다. 근육강화제, 다이어트 약, 민간요법사가 알려준 식물성 약물도 마찬가지다. 경험으로 볼 때, 다음의 세 가지 질문에는 약에 관해 물어볼 때보다 더 부정직한 대답을 듣게 된다. 담배, 술, 그리고 콘돔을 사용하지 않은 섹스에 대한 질문이다.

진통제는 증상만 없애는 임시방편이다. 그러므로 치료제를 같이 써야지 진통제만 먹어서는 안 된다. 체계적으로 접근하는 차원에서 진통제부터 살펴보자. 어떤 진통제들이 있을까? 대략 분류하면, 아편성 진통제와 비아편성 진통제로 나뉜다. 아편성 진통제는 가장 강한 진통제로, 예를 들어 종양치료나 지속적인 극심한 통증에 사용된다. 대표적으로 모르핀, 옥시코돈, 펜타닐이 여기에 속한다. 그 외 모든 진통제는 기본적으로 비아편성이다. 이것이 다시 '언제나 애용되는' 이부프로펜과 디클로페낙(볼타렌) 같은 비스테로이드성 소염제[NSAR]로 세분된다. 이런 약들은 통증뿐 아니라 염증도 막아준다. 또한 파라세타몰과 설피린(노발긴) 같은 약들은 진통 효과와 더불어 해열 효과도 있다.

세계보건기구는 언제 어떤 약을 먹어야 할지 안내하기 위해 통증 치료 단계를 발표했다.

1단계는 '가벼운' 통증이다. 허리를 삐끗하여 생긴 요통, 운동 후 근육통, 테니스엘보(팔꿈치 주변의 통증으로, 라켓스포츠를 즐기는 사람들에게 잘 생겨서 붙여진 이름이다. 의학용어로는 상완골외상과염이다 – 옮긴이), 근육이 뭉친 뒷목, 무릎통증이 여기에 속한다. 진통제를 먹기 전에 염증이 있는지 확인해야 한다. 염증이 없으면 파라세타몰로 시작하는 것이 좋다. 그러나 과량을 복용하거나 장기 복용하면 간 손상이 있을 수 있으니 주의해야 한다. 그렇기 때문에 처방전 없이 살 수 있는 500밀리그램 파라세타몰은 작은 포장으로만 판매한다. 설피린(노발긴)은 조금 더 강한 약이다. 독일에서 이 약은 널리 애용되고, 1987년까지만 해도 처방전 없이 약국에서 살 수 있었다. 미국과 영국을 비롯한 여러 나라에서는, 매우 드물지만 심한 부작용 때문에 시장에서 사라졌다.

통증의 원인이 염증이면(부어오름, 홍반, 발열이 그 징후이다), 이부프로펜과 디클로페낙(볼타렌) 같은 약이 더 낫다. 이런 약은 통증뿐 아니라 염증도 없애기 때문이다. 이부프로펜은 신장을 통해 3분의 2가,

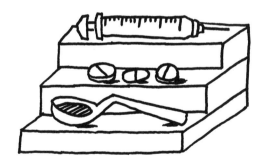

통증치료는 계단식으로 진행된다.
가장 낮은 단계에서 가장 가벼운 약으로 시작한다.
이것으로 부족하면 계단 하나를 올라가 더 강한 약을 쓴다.

간을 통해 3분의 1이 배출된다. 그러므로 장기간 많은 용량을 복용하면 신장 기능에 영향을 미칠 수 있다. 또한 장기 복용의 경우 위점액 생산이 느려져서, 위점막 염증이나 위궤양 같은 위장 질환이 생길 수 있다. 그렇기 때문에 이부프로펜은 400밀리그램, 디클로페낙은 25밀리그램만 약국에서 처방전 없이 살 수 있다. 이부프로펜 600밀리그램 이상 그리고 디클로페낙 50밀리그램 이상은 의사의 처방전이 반드시 있어야 한다.

정형외과에서 종종 척추에 생기는 더 강한 통증에는 2단계, 가장 강한 통증에는 3단계의 약이 처방된다. 다시 말해 중간 강도의 아편성 진통제와 가장 센 아편성 진통제가 투약된다. 이런 진통제는 뇌와 척수의 통증 전달을 막기 때문에 매우 효과적이다. 그러나 모든 약이 그렇듯, 약효가 강한 만큼 부작용도 심하다. 메슥거림, 구토, 변비 등.

정형외과 의사는 주사 처방을 선호한다는 평이 널리 퍼져 있다. 무슨 주사이고, 주사약은 얼마나 강할까? 주로 국소마취주사를 놓는다. 이것은 통증수용체를 차단하여 신경과 척수가 통증을 감지하지 못하게 막는다. 그래서 손가락, 손, 발의 작은 수술에는 이런 신경차단제를 쓴다. 척추 신경이 눌리거나 염증이 생긴 경우, 신경 뿌리에 이런 주사를 놓으면 기적적인 효과를 낼 수 있다. 주사만 잘 놓으면 통증이 금세 사라진다. 또한 신경에 염증이 생겼을 때는 코르티손을 주입한다. 코르티손은 부신호르몬으로 염증을 없애는 데 강한 효과를 낸다. 류머티스성 다발근육통, 오십견 혹은 관절염 같은 질병은 코르티손 주사나 약물이 극도로 빨리 통증을 없애줄 수 있다. 코르티손에 대한 일반적인 두려움이 널리 퍼져 있지만, 단기간 사용한다면 걱정하지 않아도 된다. 골다공증이나 비만 같은 부작용은 장기적으로 사용했을 때만 생긴다.

만성 통증은 특수한 경우다. 장기화된 통증은 경고 신호라는 원래의 중요한 기능을 버리고 제멋대로일 때가 종종 벌어진다. 우리는 그것을 기이한 '유령통증'에서 확인할 수 있다. 병든 곳이 없는데도 통증이 계속된다. 이런 경우 언제나 다양한 치료법이 병행된다. 다시 말해 다양한 치료가 시도된다. (강한) 진통제 처방 이외에 행동치료요법, 심리치료, 스트레스관리전략 학습이 추가된다. 대부분의 경우, 정신의약품(항우울제) 처방이 유용할 수 있는데, 그것이 뇌의 통증 인지에 영향을 미칠 수 있기 때문이다. 만성 통증 환자들은 종종 일종의 '이중생활'을 하기 때문에, 다양한 치료법을 동시에 시도하는 것이 매우 유용하다. 그들은 직장과 가정에서 훌륭하게 '제 기능'을 하면서 통증을 부끄럽게 여긴다. 아픈 티를 낼 수 없고, 내서도 안 된다고 생각한다. 실직, 배우자의 외면, 사회적 낙오가 두렵기 때문이다. 이런 경우 통증치료와 심리치료를 병행하는 것이 매우 중요하다.

확실한 것 하나. 기적의 약은 없다! 내가 보기에 가장 좋은 약은 운동과 스포츠다. 이것이 혈압, 당대사, 지방대사, 골밀도에 긍정적 효과를 낸다. 또한 세로토닌 같은 호르몬이 분비되어 우리에게 행복감을 준다. 불행히도 스포츠나 운동을 더는 할 수 없어 보이는 만성 통증 환자가 더러 있다. 하지만 대부분의 경우 그들 역시 약간의 자전거, 노 젓기, 노르딕워킹 정도는 할 수 있다.

⇒ 결론

- 기적의 약은 존재하지 않는다! 장기적으로 상황을 개선하려면 원인이 규명되어야 한다.
- 약은 가능한 한 짧게 복용해야 한다. 부작용 없는 약은 없기 때문이다. 혹은 달리 표현하면, 부작용이 없는 약은 효능도 없다.
- 만성 통증은 다양한 치료법을 병행해야 한다.

chapter

13

최후의 수단, 수술

수술은 정형외과에서 선택하는 최후의 수단이다. 심한 사고를 당했거나 중상을 입어 심각한 결과가 예상되지 않는 한 보존적 치료, 그러니까 칼을 대지 않는 치료부터 시도한다.

전신마취가 필요 없는 작은 수술이라도 환자들은 수술을 두려워한다. 그래서 언제나 병원에서는 다음과 같은 대화가 오간다.

> **환자:** 솔직히 말해주세요. XYZ수술이 사실은 아주 힘든 수술이죠?
>
> **의사:** '힘들다 혹은 쉽다'라고 말할 수 있는 일이 아닙니다.
>
> **환자:** 수술만 받으면 100퍼센트 좋아지는 거 맞나요?
>
> **의사:** 의학에서 100퍼센트는 없습니다. 확실한 건, 이 수술이 아

주 흔한 수술이고 성공 확률도 아주 높다는 겁니다.

수술이 힘드냐 쉽냐의 질문은, 집도의 관점에서 보면 완전히 다르다. 내가 수석의사로서 후배 의사들에게 수술을 설명하고 가르쳤을 때를 떠올려보면, 그들은 언제나 처음에는 수술이 힘들었다고 말한다. 그러나 수술 경험이 많아질수록, 흥미롭게도 힘든 수술의 횟수가 준다. 게다가 모든 수술은 언제나 독특하고 모든 환자는 다르다. 그래서 무릎, 골반, 외과수술 역시 다 다르다.

나는 개인적으로 세부 전공화 지지자다. 외과의사 한 사람이 오전에 척추수술 세 건을 집도하고, 오후에 다시 손수술 세 건을 집도하는 것은 있을 수 없는 일이다. 각각의 영역이 매우 복합적이기 때문에, 어느 누구도 여러 영역에서 '최신 상태'를 유지하지 못한다. 매달 새로운 연구결과가 수없이 발표되고, 다양한 전문분야에서 학회가 열린다. 매주 쾰른과 바하마 사이의 세계 어딘가에서 열리는 그 많은 학회에 빠짐없이 참석할 수 있다면 또 모를까.

법적 다툼이 벌어지면, 각 소송에 맞는 전문가를 찾는다. 이혼전문변호사, 교통사고전문변호사 혹은 경제전문변호사. 아마도 당신은, 전문분야 없이 뭐든지 다 맡는 만능 변호사를 선임하진 않을 것이다. 그러므로 1년 동안 어떤 수술을 얼마나 많이, 어떤 방식으로 했는지 의사에게 묻는 것은 정당하고 좋은 태도다. 또한 세부 전공화야말로 빠르고 정확한 수술의 비결이다. 모든 손동작이 정해져 있고, 모든 것이 정해진 대로 진행되며, 잘 짜인 안무를 수천 번씩 연습하고 추는 것처럼 스텝이 쓸데없이 반복되거나 꼬이는 일이 없다.

수술은 잘 짜인 안무와 같다. 모든 스텝이 정해져 있고 연습된다.

의사가 해당 분야의 학회 회원인지 아닌지 역시 좋은 선택 기준이다. 말하자면 무릎외과 의사는 전문분야에 맞게 무릎학회에 소속되어 있어야 한다. 이런 학회들은 회원의 전문화를 인정해주는 자격증을 발급한다. 그리고 인터넷 평가를 확인하는 것도 좋다. 포털 사이트가 잘 구축되었다면 인터넷 평가가 도움이 될 수 있다. 그러나 아직은 인터넷 평가가 완전히 신뢰할 만하진 않은 것 같다. 예를 들어, 그 병원에 간 적이 없는 사람도 의사에 대한 평가를 쓸 수 있다! 게다가 평가를 남기는 동기는 긍정적 경험보다는 부정적 경험이 훨씬 높다. 호텔 포털사이트의 후기에서도 이런 현상이 목격된다. 마지막으로, 평가되는 항목이 무엇인지 눈여겨봐야 한다. 많은 환자들이 병원 음식이 맛있거나 형편없었기 때문에 혹은 병실에 발코니가 있거나 뒤뜰에서 산책을 할 수 있었기 때문에, 입원이나 재활치료가 좋았다 혹은 나빴다고 평가한다. 이때 애석하게도 의학적 치료는 종종 완전히 뒷전으로 밀려난다.

⇒ 결론

- 힘들거나 쉬운 수술은 없다. 모든 환자와 모든 수술이 독특하다.
- 좋은 외과 의사의 특징은 세부 전문화와 '원스텝 수술'이다. 전문 학회의 회원자격과 약간의 겸손함을 갖췄다면 더 좋다.
- 배에 구멍이 생기기 전에 집도의에게 뭐든지 편하게 물어라. 수술이 정확히 어떻게 진행되는지 잘 알수록 불안감이 덜하기 때문이다.
- 수술 후에는 수술기록부를 확인하고, 만약 이해할 수 없는 내용이 있으면 당당하게 설명을 요구하라.

병원에서 세균에 감염될 수 있다

감염 위험을 고려하면 수술과 입원은 짧을수록 좋다. 알려졌듯이, 두 시간 이상이 걸리는 인공관절 이식수술의 경우 감염 위험이 매우 높다. 집도의가 필요한 수술도구를 빠르게 잡을 수 있어야 한다는 오랜 수술 규칙인 '빠른 칼'이, 갑자기 새롭게 보인다.

의학에서 감염은 새로운 주제이고, 정형외과에서도 마찬가지다. 인공관절과 의수족을 다루는 모든 학회의 자료집에서 적어도 한 부분은 감염을 주제로 다룬다. 또한 대중매체들도 이른바 병원 세균에 관해 지속적으로 보도한다.

감염 문제를 대략이나마 보여주기 위해, 에센대학병원 소아정형외과에서 일하던 시절에 겪은 짧은 일화 하나를 들려주고자 한다. 그곳의 어린 환자들은 대다수가 기형이거나 다리 길이가 서로 달랐다. 이것을 치료하는 데 이른바 '일리자로프 외고정기Ilisarov-Fixateur'라는 기구를 썼는데, 그것은 뼈를 뚫고 지나는 철사에 고정된 고리와 나사로 구성되었다. 다리 길이가 똑같아지거나 곧게 펴질 때까지 매일 나사가 조여진다. 철사 고리와 나사가 피부를 뚫고 불쑥 나와 있어서, 정말로 호러쇼에 나오는 고문기구처럼 보인다.

나는 당시 두 가지를 배웠다. 첫째, 아이들의 이불이 '샬케'(파란색-하얀색)이거나 '도르트문트'(노란색-검정색)였다(샬케와 도르트문트는 루어 지방의 독일 프로축구팀으로 전통적인 라이벌이고, 각 색은 팀의 상징색이다-옮긴이). 둘째, 새하얀 소독 이불을 사용하지 않는데도 아이들은 거의 감염되지 않았다. 당시 젊은 전공의였던 나는 언제나 아이들이 찼던 교정기구를 닦아야만 했고, 그 덕분에 이것을 알게 되었다. 이런 교정기구는 루어 지방 개구쟁이들의 축구 열정을 막지 못했다. 아이들은 교정기구를 찬 채로 공을 차거나 형들의 지시로 골대를 지켰다. 교정기구가 얼마나 지저분했는지 당신은 아마 상상도 못 할 것이다. 모래는 물론이고 뭔지 알 수 없는 온갖 덩어리들이 들러붙어 있었다. 그런데도 어린 개구쟁이들은 골수염을 앓지 않았고, 감염성 염증이 뼈에 생기지도 않았다!

최고 수준의 멸균실에서 관절수술을 받고도 감염이 되는 어른들과 달리, 아이들은 감염되기에 아주 좋은 조건에서도 전혀 감염되지 않았다. 틀림없이 면역이나 방어체계와 관련이 있을 것이다. 도대체 이게 어떻게 된 일일까? 마법의 단어는 미생물이다. 모든 사람의 몸에는 통틀어 '미생물군유전체'라고 불리는 미생물이 산다. 이 작은 하우스메이트는 언제 어디든 우리와 동행하고 그들의 집주인, 즉 우리가 건강하기만 하면 이것은 아무 문제가 안 된다. 여러 사람이 좁은 공간에 함께 있으면 이런 미생물이 전달되는데, 박테리아 역시 여기에 속한다. 건강한 30대 중반의 피부에 있는 박테리아가 방금 수술을 받은 81세 여성 환자에게는 생명을 위협하는 존재일 수 있다. (장을 제외하면) 피부에 가장 많은 박테리아가 살기 때문에 다른 사람에게 전달되기가 아주 쉽다. 문손잡이, 텔레비전 리모컨, 대기실의 의자, 지하철의 손잡이, 미용실의 잡지…… 병원에서는 의사, 간호사, 청소부, 방문자, 환자들이 이런 박테리아와 함께 병실과 복도를 돌아다닌다.

고약하게도 박테리아는 아주 영리하다. 예를 들어 그들은 항생제에 내성을 키울 수 있고 그러면 그들을 없애기가 아주 힘들다. 방금 수술을 받았고 게다가 면역체계가 심하게 약해진 80세 이상의 환자라면, 세균 감염은 복잡한 결과를 야기할 수 있고, 최악의 경우 치명적인 결과도 초래할 수 있다.

가장 유명한 병원 세균은 아주 복잡한 이름을 가졌다. 황색포도상구균과 표피포도구균. MRSA(메티실린 내성 황색포도알균 감염)라는 병원 세균은, 흔히 사용하는 항생제에 내성이 생긴 황색포도상구균을 뜻한다. 이 세균과 싸우려면 여러 항생제를 조합하여 장기간 복용해야 한다. 한 가지 항생제로는 안 통한다. 이때 사용되는 항생제 조합을 '탱크킬러 항생제'라고 부른다.

병원 세균을 통해 폐렴, 혈액중독, 요로 감염, 상처 감염이 생길 수 있다. 주로 노인 환자와 중환자들이 감염된다. 독일에서는 매년 50만 명에 달하는 사람이 병원 세균에 감염되고, 1만 5천 명이 사망에 이른다. 오늘날 많은 수술이 절개를 최소화하는 방식으로 진행되고, 개복수술 시대와 비교해서 감염 위험이 크게 낮아졌더라도 말이다. 옛날에는 아직 '큰 절개가 큰 수술'이었지만 오늘날의 모토는 '작을수

약해진 면역체계는 세균과 박테리아에게 식은 죽 먹기다.
우리의 피부에 우글거리는 미생물이 우리도 모르게 다른 사람의 미생물과 섞인다.

록 좋다'이다. 그러나 오늘날의 환자들은 옛날보다 나이가 훨씬 많고 그래서 옛날보다 더 아프고 더 약하다. 또한 외래 환자에게 광범위하게 처방된 항생제는 내성 효과를 더욱 늘렸다. 박테리아가 아니라 바이러스로 인한 감기에 항생제가 애용되는 것이 대표적인 사례다.

이제 어떻게 해야 할까? 가장 중요하고 가장 단순한 방법은, (병원에서만 필요한 건 아니지만, 특히 병원에서 명심해야 할 일인데) 꼼꼼한 손 소독이다. 이런 단순한 방법으로 감염 위험을 크게 낮출 수 있다. 이식수술(인공무릎, 인공골반) 전에 특수 세정제로 환자의 몸과 머리카락을 깨끗이 소독함으로써 피부 박테리아 수를 낮출 수 있다. 또한 병원에 입원해 있는 기간이 중요한 구실을 한다. 통계에 의하면, 수술 당일에 병원에 온 환자의 감염 확률이 입원 환자보다 더 낮다. 말하자면 가능한 한 외래로 수술을 받는 것이 좋은데, 그래야 감염 위험이 낮기 때문이다. 나와 같은 생각을 가진 한 동료는, 비교적 가벼운 수술이라면 입원 없이 수술하고 싶다는 한 환자에게 이렇게 말했었다. "세균이 득실거리는 곳에서 자고 싶지 않은 거군요!?" 그러므로 수술 트렌드는 (만약 가능하다면) '외래 수술' 방향으로 간다. "to go, please!(가져가게 포장해주세요!)"

그럼에도 한 가지는 명확하다. 100퍼센트 안전이란 없다. 멸균 상태의 수술은 불가능하다. 수술실 혹은 병원은 결코 멸균 상태가 될 수 없다. 지하철이나 미용실만큼 불가능하다. 설령 수술 전에 피부 표면을 철저히 닦는다고 해도, 절개로 인해 밖으로 드러나는 피하층에 여전히 세균이 있을 수 있다. 그러므로 감염은 완전히 배제할 수 없고 그렇기 때문에 수술 동의서에 이 내용이 언급된다. 그럼에도 전체적으로 감염은 매체에서 토론되는 예상 수치보다 드물게 일어난다. 물론 독일의 감염 사례가 네덜란드나 캐나다보다 더 높지만 말이다. 독일 병원에서는 이미 오래전부터 보건위생 규칙이 마련되고 그에 따른 교육이 진행되어, 지금은 병원관계자, 환자, 방문자 모두 보건위생 습관이 몸에 배었다. 병원 곳곳에 자유롭게 사용할 수 있는 소독제가 비치되어 있고. 병동이 특정 칸막이로 분리되어 있다.

개인적인 경험에 따르면, 세균 감염으로 병원에 입원한 노인 환자들은 대개가 흡연, 과음, 과체중, 당뇨, 나쁜 치아 상태 혹은 혈액순환 장애 같은 위험요소를 한두 가지씩 가지고 있었다. 이들의 면역체계는 수술이 아니더라도 이미 이런 위험요소를 해결하느라 너무 바빠서, 못된 미생물 침입자들을 제대로 방어할 수가 없다. 일반적으로 몸 상태가 좋을수록, 면역체계는 세균과 박테리아가 침입하지 못하게 더욱 단단히 문을 걸어 잠글 수 있다.

⇒ 결론

- 작은 수술일 경우, 혹시 외래로 진행할 수는 없는지 잘 따져보아라.
- 가능한 한 수술 전에 병원에 머무는 기간을 줄여라.
- (병원에서뿐 아니라 어디서든) 위생에 신경 쓰고, 손을 소독하라.

- 위험요소를 줄이려 애써라. 예를 들어 나쁜 치아 상태는 감염 위험을 높인다. 그것이 지속적으로 면역체계에 부담을 주기 때문이다.
- 항생제 치료가 살짝 불안하다면, 대안이 있는지 의사와 상의하라. 즉각적인 항생제 처방이 언제나 필수인 건 아니다.

삶의 질이 떨어질 땐 인공관절

　바로 설명하겠지만, 관절과 뼈가 이미 너무 많이 손상되어 삶의 질을 다시 찾을 수 있는 방법이 인공관절뿐일 때가 있다. 인공고관절이 가장 흔하지만, 무릎과 어깨도 종종 인공관절로 교체된다.

　환자가 인공관절 이식을 결정할 때 가장 먼저 하는 질문은 새로운 보형물의 '수명'이다. 그러면 정형외과 의사들은 '생존율'을 설명하는데, 당연히 환자가 아니라 보형물의 생존을 말하는 것이다. 보형물은 일반적으로 20년을 거뜬히 버티지만, 그보다 일찍 교체해야 하는 일이 생길 수 있다. 인공고관절을 다시 교체해야 하는 가장 빈번한 이유는, 이식한 부위가 마모되어 헐거워지는 것이다. 보형물이 마모된다고? 여기서 마모란 파마산치즈처럼 얇게 갈리는 게 아니라, 인공관절이 움직일 때 마찰을 일으켜 작은 입자들이 떨어져 나오는 현상을 말한다. 이런 마모 현상을 처음으로 발견한 사람은 나의 모교 괴팅겐 대학의 한스게오르크 빌레르트 Hans-Georg Willert 교수였다. 예를 들어, 인공고관절 골두가 버구컵 안에서 수천 번씩 움직이면, 고관절 골두와 버구컵에서 아주 작은 입자들이 떨어져 나온다. 이런 입자들이 보형물과 뼈의 틈으로 들어가 염증 반응을 일으킨다. 이런 염증 반응은 박테리아나 감염과는 무관하다. 그저 작은 입자에 대한 신체 반응일 뿐이다. 이런 식의 입자 염증으로 인해 보형물이 장기적으로 서서히 헐거워진다. 2015년 통계에 따르면, 교체수술의 40~45퍼센트가 무릎관절이나 고관절에서 생긴 이런 헐거워짐 때문이었다.

고관절 보형물의 스템이 뼈에서 헐거워지면 이런 모습이다.

옛날과 비교하면 인공관절의 재료가 명확히 개선되었다. 베어링 구실을 하는 인공 버구컵 재료가 더욱 단단해져서 마모가 크게 줄었다. 본시멘트를 쓰지 않은 고관절 보형물이 10년을 생존할 확률은 98퍼센트이고, 본시멘트를 쓴 무릎관절 보형물은 95퍼센트이다. 20년을 생존할 확률은 이보다 살짝 떨어져서, 고관절이 96퍼센트이고 무릎관절이 90퍼센트이다. 이 정도만 해도 이미 대단한 확률이다. 자동차의 어떤 축, 어떤 타이어, 어떤 부품이 이런 생존율을 보일 수 있겠는가?

인공관절에는 뼈머리(골두)와 버구컵이 만나는 다양한 조합이 있다. 고관절의 경우, 고관절 골두는 세라믹이나 철로 만들 수 있다. 베어링 구실을 하는 오목면 관골구는 폴리에틸렌, 세라믹 혹은 철로 만들어진다. 오늘날 금속과 철이 만나는 조합은 거의 사용되지 않는데, 철이 마모되어 철이온 농도를 높여 불명예스럽게도 '독이 되는 고관절 보형물'이라는 오명을 얻게 되었다. 세라믹-폴리에틸렌 커플은 수명이 가장 길다. 세라믹-세라믹 콤비 역시 마모율이 가장 낮고 그래서 젊은 나이에 벌써 인공고관절을 가져야 하는 환자들에게 많이 쓰인다. 그러나 세라믹-세라믹 콤비에는 단점이 있다. 부러질 위험이 매우 높고, 20년 이상 지속된 기록이 없다.

·인공고관절·

(왼쪽에서 오른쪽으로) 스템, 머리, 베어링, 버구컵

기본적으로 인공관절을 너무 일찍부터 쓰면 안 된다. 그러면 인공관절을 다시 교체해야 할 확률이 높기 때문이다. 다른 선택의 여지가 없고 삶의 질이 크게 떨어졌을 때 어쩔 수 없이 인공관절을 이식해야 한다.

⟹ 결론

- 인공관절은 언제나 마지막 선택이다.
- 인공관절은 족히 20년을 버틴다.
- 마모 때문에 인공관절이 헐거워져서 일찍 교체해야 하는 경우가 있다.
- 최고의 조합은 세라믹–폴리에틸렌 커플이다. 세라믹–세라믹 콤비는 마모율이 가장 낮다.

알레르기가 있을 수 있다

인공관절 주제에서 자주 나오는 질문 중 하나가 알레르기다. 가장 많이 알려졌고 관심의 대상인 알레르기 물질은 니켈이다. 니켈은 액세서리, 단추, 지퍼, 안경 그리고 역시 인공관절에도 함유되어 있는 금속이다. 접촉알레르기는 특정 물질에 대한 면역체계의 반응으로, 가려움증, 피부 홍반, 습진이 생길 수 있다. 이상적이게도 알레르기학

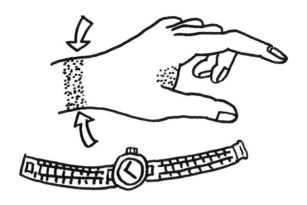

접촉알레르기라면 금속이 닿았던 자리에 피부 반응이 명확히 나타난다.

자이기도 한 피부과 의사가 패치테스트로 접촉알레르기를 알아낼 수 있다. 독일인의 약 10퍼센트가 니켈알레르기이고 그래서 니켈은 접촉알레르기의 가장 빈번한 원인이다.

인공관절에는 니켈, 코발트, 크롬, 본시멘트 그리고 항생제 같은 다양한 물질이 사용되는데, 모두 알레르기 반응을 일으킬 수 있다. 니켈알레르기는 특히 인공무릎관절에서 나타난다. 인공무릎관절에는 코발트, 크롬, 니켈, 몰리브데넘을 합친 합성금속이 사용되고, 인공고관절에는 티타늄이 사용된다. 티타늄은 알레르기 반응이 없는 이상적인 재료이지만 애석하게도 인공무릎관절에는 적합하지 않다.

그러나 패치테스트 결과 니켈알레르기가 확인되었다고 해서, 니켈이 함유된 보형물을 절대 이식할 수 없다는 뜻은 아니다. 니켈알레르기가 보형물을 헐겁게 하고 그래서 조기에 보형물을 교체해야 한다는 증거는 아직까지 발견되지 않았다. 상처회복 지연, 관절통, 관절삼출(관절 안에 관절액이 고여 있는 상태), 헐거워짐 같은 증상은 특이하지 않으며, 무엇보다 기계적 결함이나 감염일 때 나타난다.

그렇다면 니켈알레르기라면 뭘 할 수 있을까?

인공무릎관절에는 티타늄이나 세라믹으로 표면을 도금한 특별한 임플란트가 있다. 그러나 모든 임플란트에서 문제는, 이렇게 감싼 표면이 벗겨질 수 있다는 점이다. 바야흐로 전체가 세라믹인 보형물도 있지만, 여기에는 아주 특별하고 고유한 단점이 있다. 견고성이 낮아 쉽게 부러질 수 있다는 것! 얼마나 자주 무릎을 부딪치는지 생각해보라. 표면을 감싼 임플란트는 더 비싼데, 그렇다고 그것이 더 낫다는 뜻은 아니다. 다만, 전통적인 보형물만큼 축적된 자료와 경험이 많지 않아 내구성을 정확히 판단하기 어렵다.

그러므로 니켈알레르기가 있다면, 장점과 단점을 잘 따져봐야 한다. 니켈알레르기가 심하고 패치테스트에서 알레르기가 증명되었다면, 니켈이 함유되지 않은 보형물을 의사와 의논해야만 한다. 재미난 사실은, 니켈이 함유되지 않은 보형물을 원하는 환자들이 종종 큼지막한 니켈 액세서리를 하고 있다. 니켈알레르기가 확실히 없는데도, 그들은 니켈이 함유되지 않은 보형물이 더 좋을 거라고 생각한다. 이것은 명확히 틀린 생각이다.

⟹ 결론

- 보편적인 보형물 알레르기는 입증된 바가 없고, 개별 물질이 알레르기를 일으키지만, '보형물 문제'의 원인은 대부분 알레르기가 아니라 다른 것이다.
- 니켈알레르기가 있다면, 티타늄이나 세라믹 같은 다른 물질로 표면을 감싼 임플란트를 선택할 수 있다.

섹스를 해도 될까?

최근에 정형외과 재활치료 병원으로부터 다음과 같은 전화를 받았다.

병원: 프뤼 씨의 고관절을 수술하신 분 맞죠?

나: 네, 맞습니다. 인공고관절을 이식했습니다만, 왜 그러시죠?

병원: 불행하게도 고관절이 탈구되었습니다.

나: 어떻게 그런 일이 있을 수 있죠? 아주 단단하게 잘 고정이 되었는데요.

병원: 그게……, 여자친구가 왔는데…….

나: 그래서요? 여자친구가 프뤼 씨를 침대에서 내던지기라도 했단 말인가요?

병원: 아니요. 저……, 둘이 섹스를 했고 그때 고관절이 탈구된 것 같습니다.

이런 내용(섹스와 인공관절)을 전화통화가 아니라 파티장에서 들었더라면 더 좋았을텐데. 이런 얘기는 말짱한 정신으로 병원에서 하는 것보다 파티장에서 손에 와인 잔을 들고 하는 것이 훨씬 쉬울 테니 말이다. 인공고관절 이식수술 때 환자들은 다음의 요점을 가장 중요하게 여긴다.

1 수술 뒤에 다리 길이가 똑같아야 한다.
2 수술 자국이 보기 흉하면 안 된다.
3 수술병원과 재활병원의 음식이 맛있어야 한다.

그러나 바로 그 질문, 그러니까 인공고관절로 섹스를 할 수 있는가라는 질문은 일반적으로 크게 에둘러서 한다. 이런 질문을 하는 것은 정당하다. 또한 이것을 물었던 환자들 대부분이 그 대답에 깜짝 놀란다. 크게 알려지진 않았지만, 인공고관절의 중요한 이점 중 하나가 건강한 성생활로 돌아갈 수 있다는 점이기 때문이다. 루어포트 출신의 선배 의사가 자주 썼던 표현을 빌리면, "이제 다시 화끈한 밤을 보낼 수 있습니다!"

망가진 고관절은 통증을 유발하고 움직임도 제한한다. 망가진 고관절을 교체하면 통증이 사라지고 지탱하는 힘도 확실히 커져서, 모든 생활 영역에 그리고 성생활에도 긍정적인 효력을 낼 수 있다. 그럼에도 당연히 인공고관절을 가진 사람은 섹스할 때 몇 가지를 주의해야 한다. 프뤼 씨처럼 대퇴골두가 관골구에서 빠지지 않으려면, 그러니까 탈구를 막으려면 말이다. 모든 자세가 똑같이 적합한 것은 아니다. 또한 관절의 안전성을 가장 잘 아는 수술 집도의에게 '허가'를 받는 것이 좋다. 이것 외에 몇 가지 단순한 규칙이 있다. 첫째, 수술 후 다시 안정적인 관절낭이 형성될 때까지 대략 12주 동안은 금욕 기간을 가져야 한다. 이 관절주머니야말로 관절의 탈구를 막는 최고의

인공고관절 이식수술 이후 흉터 하나 없이 성생활이 완전히 자유로워지는 건 아니지만,
안전한 치료를 위한 금욕 기간이 지나면 다시 섹스를 할 수 있다.
예를 들어, 이 여섯 가지 자세는 인공고관절을 가진 환자에게 '안전하다'.

보호막이다. 둘째, 수술 때 어느 쪽에 구멍을 내서 고관절에 접근했는지가 중요하다. 뒤쪽으로 접근했으면 과도한 굽힘과 내회전을 삼가야 하고, 앞쪽으로 접근했으면 과도한 폄과 외회전이 위험하다.

인공무릎관절을 가진 사람에게도 섹스는 중요한 주제다. 환자가 인공무릎관절 이식수술 뒤에 다시 소망하는 16가지 중요한 활동이 있는데, 섹스도 여기에 속한다. 인공고관절과 비슷하게, 인공무릎관절 역시 성생활에 매우 긍정적인 효력을 낼 수 있다. 수술 환자의 약 절반이 보도하기를, 통증이 사라진 것만으로도 섹스 횟수가 증가했고 자유로운 움직임이 가능해졌다고 한다. 인공무릎관절 이식수술을 받은 뒤 다시 섹스를 할 수 있을 때까지, 평균적으로 두 달 반이 걸린다. 섹스가 아니더라도 통증에 덜 시달리고 일상적인 압력을 잘 버틸 수 있게 되면, 모든 일상이 더 즐거워진다.

⇒ 결론

- 움직임의 제한과 통증은 모든 생활을 죽이는 킬러다. 그러므로 고관절과 무릎관절 이식으로 개선되는 것이 섹스만은 아니다.
- 비록 옛날과 완전히 똑같이 섹스를 즐길 수 있는 건 아니지만, 많은 자세가 가능하다. 중요한 것은 수술 후 안정적인 회복이므로, 약 3개월 동안은 금욕하는 것이 좋다.

하지만 구글박사에 따르면

얼마 전 병원에서 겪었던, 고관절에 관한 일화가 생각난다. 공학자인 한 환자가 인터넷 검색과 엑스레이 사진을 근거로, 이식하게 될 자신의 인공고관절 크기를 미리 정해 왔다. 그는 인터넷 장비로 버구컵, 스템, 머리의 길이를 측정하여 그 결과를 자랑스럽게 내 앞에 내놓았다. 혹시 이식수술도 직접 할 생각이냐고, 내가 물었지만 그는 나의 농담을 그다지 재밌어 하지 않았다.

철인삼종경기를 준비하는 동기부여 강사가 있었는데, 그는 병원을 슈퍼마켓 오듯이 자주 왔다. 그때마다 그는 명확한 진단과 치료법을 정해서 왔다. 그는 정확히 A보조기, 정확히 B붕대, 정확히 C마사지를 원했다. 그는 나의 문진을 쓸데없는 일이라 여기고 눈동자를 굴리며 흘려들었다. 이어서 나는 그의 새끼발가락 중간 뼈가 부러진 것 같다고, 그러니까 운동선수들이 자주 겪는 피로골절인 것 같고 증상이 정확히 일치한다고 말했다. 그러나 그는 엑스레이를 찍지 않으려 했다(몸에 해롭다는 것이다. 앞 장 참고). 또한 좁은 통에 들어가는 게 싫다며 MRI도 거부했다. 정확한 진단을 내리기 위해 그를 설득하는 데 아주 오래 걸렸다. 진단 결과, 내가 옳았다. 그는 피로골절이었고, 철인삼종경기는 다음으로 미뤄야 했다.

인터넷이 선전하는 것과 달리, 자가진단은 그렇게 간단하지가 않다. 오늘날 구글박사는 하루 24시간을 근무하고, 어깨너머로 진료한다. 대부분의 사람들이 바야흐로 자신의 증상을 검색하고 병원에 가기 전에 금세 진단결과를 얻는다. 그것은 양날의 검이다. 한편으로, 환자가 사전정보를 가지고 있으면 완전히 다르게 면담을 시작할 수 있기 때문에 나는 그것을 환영한다. 다른 한편으로, 정보들이 종종 부정확하거나 잘못되어 문제가 될 수 있다. 인터넷은 포럼, 채팅방, 포털사이트 등을 통해 수많은 정보를 제공한다. 애석하게도 이 정보들은 걸러지지 않은 채 종종 혼돈을 준다. 그러면 환자들은 '이상한 나라의 앨리스'처럼 거대한 가능성의 정글 앞에 서고, 이런 정보의 정글에서 종종 길을 잃는다. 특히 검색된 증상들이 여러 질병과 일치하면, 쓸데없이 불안에 떠는 일이 발생할 수 있다.

게다가 의학적으로 진지하면서 동시에 일반인이 쉽게 이해할 수 있도록 설명하는 웹사이트가 실제로는 아주 극소수다. 내가 보기에, (일부) 위키피디아 내용이 가장 빈번하게 문제가 된다. 위키피디아는 다양한 질병 설명에서 질적 차이가 아주 크다. 그래서 관절 전체가 문제인 노인 환자들이 인터넷 검색 후에, 연골 일부가 손상된 젊은 환자들에게 주로 적합한 방법인 연골세포이식을 요구하는 일이 발생하기도 한다. 이에 대한 병원 진단은 언제나 똑같다. 손상된 연골은 다른 것으로 대체되어야 한다.

> **환자:** 병원 홈페이지에서 읽었는데, 연골세포이식수술을 하신다면서요. 나도 그걸 원합니다.
>
> **의사:** 환자분의 관절염은 안타깝게도 너무 많이 진행되어서, 그 치료법은 쓸 수가 없습니다.
>
> **환자:** 하지만 인터넷에서 읽었는데, 연골 손상에는 연골세포이식이 제일 좋은 치료법이라던대요.
>
> **의사:** 환자분에게 맞는 치료법은 인공관절이식뿐입니다.
>
> **환자:** 왜 세포이식이 안 된다는 거죠? 인터넷에서는…….

어떤 치료법이나 특정한 질병에 사로잡힌 환자들은, 비록 그것이 무의미하더라도 그것에서 거의 헤어나지 못한다. 앞에서 말한 동기부여 강사 같은 환자들은 대개 수신자가 아니라 발신자로서 병원에 온다. 말하자면 그들은 자신이 이미 내린 진단이 옳다는 확인을 받고자 할 뿐, 의사의 다른 얘기는 전혀 들으려 하지 않고, 자신이 확실히 XY질병을 앓는다고 확신한다. 이 모든 것을 고려할 때, 인터넷에서 미리 알아보고 병원에 오는 것은 결과적으로 도움이 거의 안 된다. 그러나 의학적으로 확실하게 진단이 내려진 뒤에는 인터넷 포럼을 방문하는 것이 도움이 될 수 있다. 환자들은 여기서 폭넓은 정보와 도움이 될 만한 연락처를 얻고, 다른 환자들과 정보를 공유하는 등 많은 것을 얻을 수 있다. 그러나 특정 증상을 인터넷에서 조사해보고 특정 질병임을 고집하는 사람에게는 그런 포럼의 방문이 전혀 도움이 되지 않고, 오히려 불안감만 높인다. 그곳에는 당연히, 당신의 진짜 병과 무관한데도 당신이 앓고 있다고 스스로 믿고 있는 그 질병을 앓았던 환자들이 그들이 겪은 힘든 경험을 올려놓았기 때문이다.

최근에 한 동료가 만화 한 컷을 내게 보냈다. 거기에 이렇게 적혀 있었다. "환자들이 구글의 도움을 받아 스스로 진단하는 것이, 나는 좋다." 나는 고개를 끄덕여 동의를 표하고 덧붙였다. "흠, 만약 암이라면!" 물론 약간 염세적이긴 하지만, 문제의 핵심을 정확히 찌른다.

병원에 가기 전에 준비 단계로, 질문을 구체화하기 위해 인터넷을 검색해보는 것은 좋지만, 스스로 진단을 내려선 안 된다. 예를 들어 무릎통증은 수많은 질병의 원인일 수 있다. 무해한 타박상, 연골 손상, 감염, 종양에 이르기까지 실제로 모든 질병이 가능하다. 그리고 모든 질병이 고려되어야 한다. 단, 의사와 체계적인 진찰 과정을 통해야 한다. 쓸데없이 미리 불안에 떨지 마라. 종양일 리가 없다. 어딘가에 부딪친 기억이 전혀 없더라도, 무해한 타박상이 무릎통증의 직접적인 원인일 수 있다.

당신도 알고 있듯이, '구글박사'가 늘 좋은 조언자는 아니다. 구글박사가 소위 모든 것을 알고 있다지만, 현실적으로 그럴 수가 없다. 그사이 의학이 매우 복합적이고 세분화되어 정형외과에는, 발에는 눈길도 주지 않는 무릎전문의와 척추전문의가 있다. 안과에는 눈의 겉 부분만 전문으로 보는 의사와 내부만 전문으로 보는 의사가 따로 있다. 매주 새로운 연구결과가 발표되고, 혁신적인 수술 기술이 개발되고, 수많은 전문 학회가 열리기 때문에, 의사로서 자신의 전공분야에서 최신 상태를 유지하는 것조차 이미 대단히 힘들다. 의학 정보가 인터넷에 게재되긴 하지만, 정말로 좋은 정보는 전문서적에 있고, 보통 사람이 이해하기 어렵다. 이용자가 많은 인기 있는 사이트들은 이런 양질의 정보를 주지 않는다. 분명히 말하건대, 인터넷은 확실한 진단을 주지 못한다. 확실한 진단은 오로지 전문의만이 내릴 수 있다. 그리고 의사의 진단이 정말로 맞는지 불안하다면, 또 다른 의사의 의견을 들어야 한다. 그러니 부디 '구글박사'를 찾지는 마라!

⇒ 결론

- '구글박사'는 왕진을 가지 않고, 병원 방문을 결코 대체하지 못한다.
- 자가진단을 조심하라. 인터넷 정글에는 무수한 정보가 너무 빽빽이 있어 거의 헤쳐 나갈 수 없고, 증상들이 정확히 들어맞는다는 이유로 XYZ병에 걸렸다고 확신하는 것은 쓸데없이 불면의 밤을 불러올 수 있다.

아무것도 어깨에 짊어질 수 없으면

우리 몸의 어떤 관절도 어깨관절만큼 유연하고 다양하게 움직이지 못한다. 헤엄치기, 공중제비, 전구 갈기, 선반에서 찻잔 꺼내기, 바지 입기 등 팔의 거의 모든 움직임에 어깨가 관여한다. 독일 선수 토마스 뢸러Thomas Röhler는 어깨의 힘으로 2016년 리우올림픽에서 90.3미터 기록으로 창던지기 금메달을 땄다. 플로리안 함뷔헨Florian Hambüchen은 같은 올림픽에서 철봉 금메달을 따며 우리의 어깨관절이 해낼 수 있는 동작들을 인상 깊게 보여주었다. 그러나 우리의 기발한 어깨는 이런 대단한 능력을 발휘하는 한편, 이따금 크고 작은 문제들도 일으킨다. 어깨는 말하자면, 실력이 뛰어나지만 약간 까다로운 곡예사라고 할 수 있다.

어깨가 결리면: 충돌증후군

한 남자가 어깨가 아프다며 병원에 왔다. 20세에서 30세 사이쯤으로 보였고, 언뜻 보기에도 근력운동을 아주 열심히 하는 것 같았다. 이런 '근육맨'과 나눈 첫 대화는 언제나 다음과 같이 진행된다.

의사: 역도선수세요?

근육맨: 아닙니다!

의사: 하지만 꼭 선수처럼 근육이 자주 잘 단련된 것 같네요.

근육맨: 예전에는 운동을 많이 했는데, 지금은 아주 가끔씩만 합니다.

의사: 벤치프레스(바벨이 머신에 고정된 운동기구 – 옮긴이)에서 몇 킬로그램을 드세요?

근육맨: 100킬로그램쯤. 그렇게 많이 드는 것도 아니에요.

대부분 항공사는 캐리어가 25킬로그램만 넘어도 벌금처럼 추가요금을 요구한다. 그런 캐리어 네 개를 한꺼번에 들어 올린다고 생각해보라. 그런 운동을 하는데 어깨가 안 아픈 것이 오히려 이상한 일이다! 그런데 이런 통증은 정확히 어떻게 생기는 걸까? 병원에 온 근육맨이 수년간 했던 것처럼 가슴근육을 과도하게 단련하면 견봉(어깨봉우리뼈)의 위치가 바뀐다. 견봉이 위쪽 전방으로 너무 밀려나서, 팔을 올리는 아주 평범한 동작에서도 힘줄이 죄여 아프다. 이것을 병목증후군 혹은 충돌증후군이라고 부른다. 독일 국민의 약 10퍼센트가 이 병을 앓는데, 주로 팔을 머리 위로 많이 들어 올리는 운동(창던지기, 핸드볼, 수영)을 하는 선수들, 보디빌더 그리고 역시 팔을 머리 위로 올리고 일할 때가 많은 육체노동자들이다. 심한 경우, 아주 작은 부담에도 강한 통증이 생긴다.

헬스클럽에 가면 잠재된 충돌증후군 후보자들을 금방 찾아낼 수 있다. 전신거울 앞에서 이리저리 자신의 몸을 비춰보는 사람을 눈여

거울은 보디빌더의 절친한 친구이자 적이다.

겨보라. 문제가 생길 때까지 가슴근육을 단련하는 젊은 남자들. 그들이 자신의 뒷모습도 거울에 비춰볼 수 있다면, 가슴근육에 비해 등근육이 명확히 약해 근육 불균형이 생긴 것을 보게 되리라. 사실, 이런 불균형 문제는 간단히 해결할 수 있다. 훈련 프로그램을 바꿔, 가슴근육운동을 줄이고 넓은 등근육(광배근)과 날개뼈(견갑골) 사이의 근육을 단련하면 끝이다. 다만 한 가지 고약한 문제가 있는데, 가슴근육은 근육맨들의 자랑이고, 이 근육은 단련하지 않거나 소홀히 하면 '순식간에' 없어지고 만다. 종종 그렇듯, 이것 역시 순전히 정신에 달렸다. 문제가 있으면 정신을 차린다. 그러나 문제가 없어지면 금세 옛날 버릇이 다시 나온다.

대부분의 근육질 남자들은 운동 프로그램을 장기적으로 바꾸기보다 차라리 수술을 원한다. 나는 이것에 완전히 반대한다. 그러나 어쩔 수 없이 근육맨을 수술하게 되면, 주홍색 이두근 힘줄을 보게 되는데, 마치 이두근이 자신에게 저지른 일에 잔뜩 화가 나 있는 것처럼 보인다. 과도한 웨이트트레이닝의 전형적 증거다. 당연히 어깨관절와(關節窩) 아래의 좁아진 공간을 수술로 다시 넓혀 상황을 개선할 수 있다. 그러나 그 후에 계속해서 잘못된 방식으로 단련하면, 통증은 교회의 아멘 소리처럼 어김없이 다시 찾아온다.

이와 비슷한 어깨통증을 호소하는 두 번째로 큰 집단이 50세 이상의 중년들이다. 이들은 병원에 와서 밤에 옆으로 누울 수가 없다, 팔을 올리기가 너무 힘들다, 머리 빗는 것조차 힘들다고 하소연한다.

충돌증후군은 인생 후반기에 접어든 사람들이 겪는 가장 흔한 어깨 질환이다. 팔을 들어 올릴 때 60도에서 120도 사이에서 통증이 발생한다. 통증이 생기는 이 각도를 의학용어로는 '통증 각도 _painful arc_'라고 한다. 대개 동시에 윤활조직인 점액낭에 염증이 생기기 때문에 밤에 쉬는 동안에도 통증이 계속된다.

어깨관절이 마모되고 견봉을 아래로 당겨주는 어깨근력이 약해지면서, 견봉과 상완골 사이의 공간이 좁아진다. 견봉 아래의 공간이 비좁아 근육이 견봉에 닿으면, 팔을 들어 올릴 때 통증이 생긴다. 이

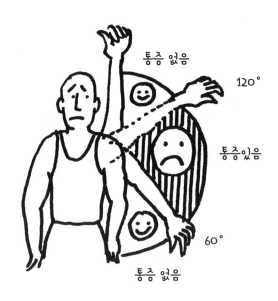

·통증 각도·

팔을 올렸을 때 60도에서 120도 사이에서 극심한 통증이 생긴다.

럴 땐 어떻게 해야 할까?

견봉을 다시 후방 아래쪽으로 보내 중앙에 위치시키려면, 집중적인 물리치료를 받아야 한다. 또한 때때로 이부프로펜 같은 소염제가 빠른 시간 안에 통증을 완화한다. 대부분 올바른 물리치료만으로도 문제가 해결된다. 아주 드물게 수술이 불가피한데, 최소침습수술(최소한의 절개로 정상 조직은 보존하면서 손상된 뼈나 인대 조직을 제거하는 수술 – 옮긴이)인 관절경수술로 입원과 절개 없이 간단하게 진행한다. 이때 어깨 견봉을 약간 갈아서 협소한 틈을 넓힌다. 수술 뒤에는 어깨관절이 움직이지 않도록 어깨보호대를 일주일 동안 차야 한다.

⇒ 결론

- 충돌증후군은 어깨질환 중 오래된 질환이다. 인생 후반기의 자연스러운 마모 혹은 과도한 웨이트트레이닝으로 인한 마모 때문에 생긴다.
- 어깨를 들어 올리는 검사(어깨 외전 검사)로 통증을 일으키는 각도를 확인할 수 있다. 초음파에서 삼출액이, 엑스레이 사진에서 관절와 아래의 비좁은 틈이, MRI에서 회전근개의 염증이 또렷이 드러난다.
- 자리를 이탈한 견봉을 다시 중앙에 위치시키려면 물리치료가 도움이 된다.
- 수술을 하는 경우는 아주 드물다.

어깨 덮개가 찢어지면: 회전근개 파열

어깨관절에서 마치 후드티의 모자처럼 견봉을 덮고 있는 회전근개의 힘줄들이 팔의 움직임을 책임진다. 회전근개 힘줄의 손상에는 두 종류가 있다. 50대 중반부터 생길 수 있는 마모 파열과 운동으로 발생하는 부상 파열. 후자의 대표적 사례가 독일 테니스선수 토미 하스 Tommy Haas다. 그는 겨우 24세에 첫 번째 회전근개 손상을 입었는데, 극상건 파열이었다. 극상건은 팔을 들어 올리는 데 사용되는 힘줄로, 견봉과 상완골 사이의 비좁은 틈에 있어서 특히 부상에 약하다. 불과 1년 뒤에 하스는 어깨 수술을 두 번이나 받았다. 15개월의 강제 휴식 뒤에 그는 다시 대회에 출전했지만, 29세에 또 한 번 어깨 수술을 받았다. 선수 생활 내내 어깨 문제가 따라다녔다.

회전근개 손상은 아주 질긴 문제다. 성공적인 수술 뒤에도 손상에 약하기는 여전한데, 건강한 힘줄이 아니라 이미 손상되었다가 수리된 힘줄이기 때문이다. 토미 하스의 어깨처럼 운동선수의 손상된 어깨를 보면 원래 모습은 찾아보기 힘들다. 그 모습이 마치 양배추와 순무가 뒤섞여 자라는 밭처럼 보인다. 선수들은 과도하게 자신의 몸을 혹사하기 때문에 16세에서 30세 사이의 활동기를 부상 없이 무사히 마치기는 사실 불가능하다. 우리의 몸은 아주 정밀하게 설계되어서, 그런 혹사를 장기적으로 견디지 못한다. 테니스는 머리 위로 팔을 높이 올려 공을 쳐내야 할 뿐 아니라, 갑작스럽게 템포와 방향을 바꿔야 하기 때문에 전형적인 어깨 문제와 더불어 고관절과 무릎관절에도 막대한 부담을 준다. 25년 동안 테니스를 한 보리스 베커Boris Becker는 현재 인공고관절 두 개, 인공발목관절 한 개 그리고 여러 정형외과 문제를 갖고 있다.

그러나 프로 선수의 세계에서만 생기는 문제는 아니다. 광고에서 '실버세대' 혹은 '제2의 청춘'이라고 즐겨 일컫는 '젊게 사는 노년'들에게도 일어난다. 60세 이상 환자의 회전근개 파열은 기본적으로 마모 때문이다. 노년에 어깨를 들어 올리는 근육의 공간이 좁아지고 힘줄이 약화하는 것이 원인이다. 50세 이상 환자 중 최대 절반이 회전근개에 적어도 하나의 파열이 있다. 당신이 즐겨 입던 스웨터의 팔꿈치 부분이 닳아 언젠가 실이 가늘어지는 것처럼, 힘줄도 세월과 함께 점점 가늘어진다.

회전근개 파열의 치료는 힘줄 상태에 좌우된다. 초음파와 MRI로 검사한다. 모든 파열을 다 수술해야 하는 건 아니다. 대개는 물리치료와 단계적 소염제 처방으로 아주 잘 치료된다. 어떤 환자는 어깨 힘줄이 '끊어진 실타래'처럼 심하게 파열되어 팔을 올리는 것조차 힘들다. 이 경우 일상생활에 제약이 많아 수술이 불가피하다. 때때로 '제2의 청춘'들은 적극적으로 수술을 요구한다. '실버세대'는 막대한 신체 능력을 원한다. 그들은 헬스클럽에서 활기차게 운동하고, 테니스나 골프를 치고, 늘 여행을 다니느라 손자를 돌볼 시간조차 없다.

골프의 핸디캡이 16인 72세에게 회전근개건 파열을 이유로 골프를 포기하라고 말할 수 있을까? 생각조차 할 수 없는 일이다! 실제로 내 환자 중에는 매우 활동적이고 스포츠를 즐기는 '실버세대'가 아주 많다. 환자의 달력나이만 봐서는 안 된다. 중요한 것은 전체적인 신체 상태, 특히 힘줄의 상태다. 다시 스웨터 비유로 돌아가면, 닳은 부위의 털실이 가늘어졌으면, 언젠가는 뜯어지고 말 것이기 때문이다. 힘줄도 마찬가지다. 뜯어지지 않게 하려면, 좋은 힘줄을 충분히 갖춰야 한다. 그러지 않으면 다음 파열이 기다린다.

⟹ 결론

• 힘줄도 마모된다. 그러므로 노년에 회전근개 파열이 생기는 것은 이상한 일이 아니다.

• 모든 파열을 반드시 수술로 치료해야 하는 건 아니다. 때때로 물리치료가 도움이 된다.

• 수술이 성공적이려면, 좋은 조직이 남아 있어야 한다. 그렇지 않으면 다시 뜯어지고 만다.

• 수술은 긴 후속 치료가 필요하다. 6주 동안 어깨보호대를 해야 하고, 해당 부위의 물리치료가 반드시 병행되어야 한다. 약 6개월 뒤부터 운동을 재개할 수 있다.

어깨가 너무 헐거워지면: 탈구

어깨관절은 운동계에서 가동범위가 가장 넓은 관절이다. 동시에 애석하게도 가장 불안정하다. 대부분의 다른 관절과 달리, 어깨관절의 안정성은 일차적으로 뼈가 아니라 인대와 근육이 담당한다. 여러 어깨 문제의 원인이 바로 이것이다. 어깨관절이 너무 헐겁거나 의학적으로 표현해서 '불안정'하면, 견봉이 오목면에서 벗어난다. 그러니까 어깨가 빠진다. 우리 정형외과 의사들은 이것을 '어깨탈구'라고 부른다.

어깨탈구 환자에는 두 종류가 있다. 사고나 부상으로 불안정한 어깨관절을 가진 사람들. 그리고 결합조직이 아주 헐거워서 어깨가 불안정한 환자들. 당신은 어쩌면 〈독일이 슈퍼탤런트를 찾는다 Deutschland sucht das Supertalent〉 같은 텔레비전 쇼에서, 다리를 가볍게 뒤로 꺾어 뒤통수에 대거나 어깨를 뒤로 접는 장면에서 탈구를 목격한 적이 있을 것이다.

탈구된 어깨는 다시 제자리에 끼워 넣을 수 있다. 그 후에는 며칠 동안 어깨보호대를 착용하여 어깨관절이 움직이지 못하게 해야 한다.

외상성 어깨탈구는 격투기, 사이클 경주, 스노보드, 윈드서핑에서 흔한 일이다. 모델 마르쿠스 쉔켄베리Marcus Schenkenberg는 연예인 권투 시합 때 어깨가 탈구되어 기권할 수밖에 없었다. 그러나 꼭 링에 올라 권투를 하지 않더라도, 그냥 넘어지기만 해도 어깨가 탈구될 수 있다. 머라이어 캐리Mariah Carey는 뮤직비디오를 찍다가 어깨가 빠졌었다. 어깨가 빠지면 관절을 제대로 움직일 수 없다. 이런 경우에는 마취 후 견봉을 다시 제자리에 끼워 넣어야 한다. 의욕에 찬 응급처치 요원이 명심해야 할 것이 있다. 용감하게 팔을 움켜잡고 어긋나거나 부러진 뼈를 이어 맞추려 시도하지 말고, 가능하다면 우선 엑스레이부터 찍어야 한다. 탈구뿐 아니라 골절도 같이 있을 수가 있기 때문이다. 이때 접골이라 불리는 맹목적인 '끼워 맞추기'는 치명적일 수 있다. 많은 경우, 탈구가 있을 때 관절와순도 같이 오목면에서 떨어져 나온다. 이런 경우와 신경이나 혈관이 손상된 경우에는 수술이 불가피하다. 그러므로 엑스레이나 MRI로 손상 정도를 확인하는 것이 중요하다. 또한 관절 부상을 수술하지 않으면 주로 젊고 활동적인 사람이라면 재탈구의 위험이 있다.

어깨탈구가 잦을수록 관절은 더 많이 손상된다. 탈구가 반복되면 언젠가는 '돌아갈 수 없는 지점'에 도달한다. 손상이 너무 심해서 제자리에 다시 끼울 수 없는 사태가 되는 것이다.

외적인 사고 없이 어깨가 빠지는 환자들도 있는데, 주로 과도하게 유연한 젊은 여성들이 그렇다. 어떤 사람들은 심지어 어깨를 맘대로 넣었다 뺐다 할 수 있다! 이런 과도한 유연성은 대부분의 경우 다른 관절에서도 나타난다. 이런 환자들은 자주 다리를 삐고, 슬개골이 튕겨 나온다.

이런 과도한 유연성은 거의 수술을 하지 않고 근육을 강화하여 해당 관절을 안정적으로 만드는 물리치료를 집중적으로 한다. 그리고 발목을 자주 삔다면 신발을 바꾸는 것이 도움이 될 수 있다.

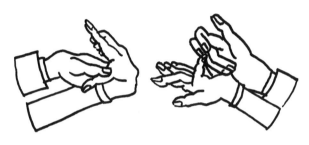

엄지손가락을 손목에 붙일 수 있고
손가락 첫째 관절을 뒤로 젖힐 수 있으면 유연성이 과도하다.

⇒ 결론

- 엑스레이 촬영 없이 접골을 하면 안 된다. 먼저 엑스레이를 찍어 관절에 더 큰 손상이 있는지 확인해야 한다.
- 부상으로 인한 어깨탈구는 대부분 수술을 해야 한다. 이것은 이른바 '열쇠구

멍기술'이라 불리는 관절경수술로 진행된다. 뜯겨진 관절와순을 다시 오목면에 붙이고, 늘어난 관절낭을 오므린다. 수술 후에는 6주 동안 어깨보호대를 하고 6개월 동안 운동을 쉬어야 한다.

• 선천적인 어깨 불안정은 물리치료와 해당 부위의 근육 단련 같은 보존적 치료법으로 개선할 수 있다.

어깨가 피아노 건반이 되면: 견봉쇄골관절 탈구

견봉쇄골관절(어깨와 쇄골을 연결하는 관절)을 다친 나의 최근 환자는 철인삼종경기 선수로, 자전거를 타다 넘어져서 어깨를 아스팔트에 부딪쳤다. 이 남자는 런닝 차림으로 내 앞에 섰었는데, 그의 어깨를 잠깐 살폈을 때 이미 모든 것이 명확했다. 쇄골이 피아노 건반처럼 불쑥 올라와 있었다. 이 철인삼종경기 선수는 수술을 받아야만 했다. 수술 뒤에는 당장 운동을 그만두고 쉬면서 어깨가 회복될 때를 기다렸어야 했다. 그러나 그가 뭘 했는지 아는가? 그는 어깨보호대를 차고도 한쪽 팔로 계속 운동을 했고, 한쪽 팔로도 자전거를 조종할 수 있도록 자전거 핸들을 변형했다. 당연히 달리기도 했다. 단지 수영만은 아무리 애를 써도 안 되었다. 무슨 일이 벌어졌을까? 그렇다! 그는 다시 넘어졌고, 이번에는 다른 쪽 어깨로 바닥에 떨어져 똑같은 위치에 부상을 입었다. 이렇게 말 안 듣는 환자만 없어도, 때때로 의학은 아주 간단할 텐데……

　프로 선수들만 이런 부상을 입는 게 아니다. 달리다 어깨로 바닥에 떨어지면, 누구에게나 생길 수 있다. 당연히 자전거, 스케이트보드, 스노보드, 스키를 타는 사람이면 그 위험이 특히 더 높다. 그러나 살다 보면 바의 의자에서 넘어질 수도 있다. 이때 견봉쇄골관절의 인대와 관절낭이 찢어지면, 쇄골이 위로 올라와서 견봉과 계단을 형성한다. 이때 쇄골을 살짝 누르면, 마치 피아노 건반처럼 아래로 내려간다. 정형외과는 이렇게 음악적이다!

　어깨를 움직일 때마다 극심한 통증이 생긴다. 쇄골과 견봉 사이에 생긴 계단의 높이가 낮으면, 수술 없이 보존적 치료법이면 충분하다.

· 피아노 건반 현상 ·

쇄골이 불쑥 솟아 있고, 이것을 피아노 건반처럼 누를 수 있다.

이런 경우 옛날에는 이른바 '배낭'이 처방되었다. 이 교정기구는 어깨끈이 단단히 조여진 배낭처럼 작동한다. 그러나 이런 '배낭'만으로는 견봉쇄골관절의 보호가 제대로 보장되지 않기 때문에, 오늘날에는 일반적인 어깨보호대가 처방된다. 의학은 확실히 발전한다. 옛날에는 수술이나 사고 뒤에 관절에 6주 동안 깁스를 했었는데, 요즘엔 그런 깁스가 완전히 사라졌고, 더 일찍 자유롭게 움직일 수 있는 치료법이 선호된다. 보호대 착용은 대략 2주면 끝나지만 관절낭과 인대 손상이 치유될 때까지 약 6주 동안은 관절을 잘 보호해야 한다.

그러나 피아노 건반 현상이 아주 심하면 수술을 해야 한다. 철사와 로프를 이용해 쇄골을 제자리로 돌려보낸다. 수술 후에는 어깨보호대를 약 6주 동안 착용해야 한다. 다시 운동을 하려면 족히 반년은 기다려야 한다.

⇒ 결론

- 견봉쇄골관절 부상은 즉시 치료되어야 한다. 어깨 실루엣만 살펴도 '피아노 건반'이 명확히 확인된다. 엑스레이 촬영으로 쇄골이 얼마나 심하게 어긋났는지 확인할 수 있고, MRI 촬영으로 관절낭과 인대가 얼마나 손상되었는지 알 수 있다.
- 어깨를 쓰지 않고 가만히 두는 기간을 잘 지키기만 한다면, 대부분의 경우 보존적 치료법으로 완치될 수 있다. 그러므로 부디 자전거 핸들을 변형하면서까지 자전거를 계속 타려고 해서는 안 된다.

어깨가 얼어붙으면: 오십견

얼마 전에 50대 중반의 한 여자가 병원에 왔다. 그녀는 이미 오래 전부터 어깨 움직임이 자유롭지 않았다. 어깨 움직임을 다시 원활히 하기 위해 그녀가 직접 찾은 자가 치료법은 특수 요가였다. 검사로 밝혀졌듯이 그녀는 팔을 돌리지 못했고, 어깨관절을 거의 펴지 못했다. 엑스레이 사진과 MRI 사진을 가져왔는데, 두 사진에서는 전체적으로 눈에 띄는 점이 없었다. 초음파검사를 해봤지만 특별한 이상이 발견되지 않았다. 혹시 앓고 있는 다른 질병이 있느냐고 물으니 없다고 했다. 이런 경우 나는 언제나 같은 질문을 한다. "드시는 약이 있습

·오십견·

마치 굵은 사슬이 관절 주변을 옥죄고 있어서
옴짝달싹 못하는 것처럼 보인다.

니까?" 그러면 역시 어떤 약 이름이 등장한다. 앓고 있는 병이 없으니 약을 군이 먹을 필요가 없는데도 말이다. 이 여자 환자는 당뇨가 최근에 발견되어 혈당을 낮추는 메트포르민을 한 달 전부터 먹고 있다고 했다.

그것은 결정적 힌트였다. 어깨가 왜 얼어붙는지 아무도 정확히 모르지만, 이런 현상이 당뇨병 환자에게서 종종 나타난다는 것은 잘 알려진 사실이다. 주로 '오십견'이라고 불리는 이런 어깨 경직은 아주 흥미로운 질병이다. 오십견으로 바로 밝혀지지 않고 주로 충돌증후군으로 치료될 때가 많다.

오십견의 특징은 어깨관절의 유연성이 점점 떨어지는 것이다. 이런 제한은 어깨보호대로 비교적 잘 보완되기 때문에 환자들은 종종 너무 늦었을 때 그러니까 어깨관절을 거의 움직일 수 없을 때라야 비로소 병원에 온다. 어떤 경우에는 특별한 치료 없이 저절로 치료된다. 이를 두고 어깨의 '냉각기'와 '해동기'라고 부른다. 또 어떤 경우에는 냉각기가 아주 길게 지속되고 통증이 너무 심해서 코르티손이 처방되기도 한다.

50대 중반 여성을 포함하여 많은 환자가 코르티손이 몸에 해롭다고 생각한다. 그래서 코르티손을 처방하면 부작용에 대한 질문이 먼저 나오고, 특히 위협적인 체중 증가에 대해 꼬치꼬치 묻는다. 코르티손 치료를 아주 오래 할 때만 부작용이 있으며 우리 몸도 코르티손을 생산한다고 설명하면, 그들은 종종 의심의 눈초리를 보낸다. 다음과 같은 대화가 전형적으로 진행된다.

> **의사:** 코르티손을 써야 합니다.
>
> **환자:** 주사를 맞는 건가요?
>
> **의사:** 아니요, 약으로요. 3주에서 4주 정도 코르티손 약을 복용해야 합니다.
>
> **환자:** 안 돼요. 그 약 먹으면 뚱뚱해지잖아요!
>
> **의사:** 3~4주 정도로는 뚱뚱해지지 않습니다.
>
> **환자:** 다른 부작용들은 어쩌고요?
>
> **의사:** 그것 역시 아주 오래 복용했을 때만 나타납니다.
>
> (침묵. 이 말이 환자에게 어떤 효력을 내는지 지켜본다.)
>
> **환자:** 그러니까 그게 정말로 도움이 된다는 말씀이시죠?
>
> **의사:** 도움이 안 되는데 왜 권하겠습니까?
>
> **환자:** 그렇다면, 좋아요. 약은 어떻게 먹으면 됩니까?
>
> **의사:** 아침에 일어나자마자 바로 먹는 게 제일 좋습니다. 그러면 인체 내 코르티손 수치가 최고에 이르고 환자분은 이른바 바이오리듬을 유지하시는 겁니다.

이 환자는 마침내 치료에 동의했고, 4주 뒤에 벌써 어깨를 거의 자유롭게 움직일 수 있었다. 이어진 물리치료로 8주 뒤에는 어깨를 움직이는 데 어려움이 거의 없었다. 코르티손은 종종 그 효과가 너무 빨라서 기적의 치유 같다.

애석하게도 그런 코르티손 치료가 소용없는 환자들도 있다. 얼어붙은 어깨를 오랫동안 방치한 환자들이 주로 그렇다. 그러면 어깨관절낭이 아주 딱딱하게 굳어버린다. 콘크리트가 관절을 감싸고 있어서 어깨를 움직일 수 없는 것과 같은 원리다. 이런 경우엔 수술을 해야만 한다. 관절경수술로 관절낭의 유착을 떼어낸다. 다시 획득한 운동범위를 유지하기 위해서는 반드시 해당 부위에 물리치료를 시작해야 한다.

⇨ 결론

• 어깨가 경직되고 움직이기 힘들어지면, 즉시 병원에 가라. '얼어붙은 어깨'라 불리는 오십견은 지병이 될 수 있다. 모든 얼음이 저절로 혹은 보존적 치료로 해동되는 건 아니다.
• 40~60세 사이에 자주 발병하는데, 남성보다 여성에게 더 자주 나타난다. 당뇨병이 오십견에 영향을 미치는 듯하다.
• 코르티손은 제대로만 쓰면 몸에 전혀 해롭지 않다.
• 보존적 치료가 도움이 안 된다면 움직임을 되찾기 위해 수술이 불가피하다.

어깨가 저리면: 어깨관절 인대 석회화

45세 여자가 극심한 어깨통증 때문에 병원에 왔다. 사고를 당했거나 운동하다 다친 거냐고 묻자, 아니라고 했다. 뚜렷한 원인도 없이 갑자기 아프기 시작했고 움직일 때마다 점점 더 심해지는데, 이런 통증은 난생처음이라고 했다.

"선생님, 도와주세요. 아이를 셋이나 낳았는데, 정말이지 이렇게 끔찍한 통증은 처음이에요! 회사에 병가를 내고 싶진 않아요. 이 고통스러운 통증만이라도 없애주세요!" 그녀가 절박하게 호소했다.

다른 검사 없이도 진단은 명확했다. 아무런 사고 없이 그렇게 갑자기 통증을 일으키는 어깨질환은 사실 하나뿐이기 때문이다. 바로 어깨관절 인대 석회화다.

40세 전후의 여성에게 많이 나타난다. 왜 하필 이 나이의 여성이 이 병에 가장 빈번하게 걸리는지는 아무도 모른다. 아무튼 일반적인 노화 현상은 아니다. 어깨관절의 인대가 돌처럼 굳는 이 질병은 회전근개와 관련이 있다. 후드티의 모자처럼 상완골을 덮고 있고 팔의 움직임을 책임지는 바로 그 힘줄 말이다. 힘줄의 퇴화와 상완골 아래의 협소함 때문에 회전근개에 석회가 쌓일 수 있다. 열 명 중 한 명에게 이런 침전이 생기고, 그중 약 절반이 병을 일으킨다. 석회 침전물에서 아주 작은 알갱이가 떨어져 나오면, 그것이 염증 반응을 일으키고 극심한 통증을 동반한다. 이런 급성 어깨관절 인대 석회화의 경우 코르티손과 국소마취제로 통증을 금세 완화시킬 수 있다. 국소마취제는 회전근개와 견봉 사이에 주사로 주입한다.

급성 어깨관절 인대 석회화로 인해 고통스러운 통증을 경험한 환자들은, 같은 고통을 또 겪고 싶지 않기 때문에 응급 통증치료 뒤에 처방되는 물리치료나 열치료 같은 장기 치료를 고분고분 잘 따른다. 많은 경우 어깨관절 인대 석회화는, 염증 부위를 가만히 쉬게 두면 여러 단계를 거쳐 저절로 치유된다. 이것이 실패하면 체외충격파로 석회를 녹이는 우아하면서도 효과적인 방법으로 치료할 수 있다. 수술로 석회를 제거해야 하는 경우는 아주 드물지만, 수술을 한 경우라면 수술 후 4~6주 정도 쉬면 어깨를 다시 사용할 수 있다.

돌 같은 석회가 어깨를 눌러 움직임을 방해한다.

⇒ 결론

- 갑자기 어깨가 극심하게 아프고 움직이기 힘들다면 어깨관절 인대 석회화 일 수 있다.
- 엑스레이 혹은 MRI로 확인할 수 있다. 사진에 석회 침전물이 또렷하게 나타난다.
- 염증을 가라앉히는 데는 코르티손과 진통제가 도움이 된다. 휴식과 물리치료를 병행하면 성공적으로 치료할 수 있다.
- 전기충격파로도 석회가 녹지 않을 때, 특히 극심한 경우에만 수술로 석회를 제거한다.

어깨를 교체해야만 한다면: 어깨관절염

어깨관절은 고관절과 무릎관절에 이어, 인공관절로 좋은 결과를 기대할 수 있는 세 번째 관절이다. 어깨관절은 고관절이나 무릎관절과 달리, 중력에 의한 하중을 받지 않기 때문에 손상이 있더라도 오랫동안 그냥 방치되는 경우가 많다. 환자들은 통증이 아주 심해졌을 때 비로소 병원에 온다. 그러면 기본적으로 엑스레이나 MRI에서 이미 완전히 망가진 관절이 드러난다. 어깨는 웬만해선 투덜대지 않고 묵묵히 일하는데, 오히려 이것이 단점으로 작용한다. 대부분의 환자들이 이미 너무 늦었을 때 병원에 오기 때문이다. 어깨관절이 마모되어 생기는 병이 바로 어깨관절염이다. 상완골과 오목면의 연골이 마모되어 뼈와 뼈가 마찰한다. 이러한 뼈의 마찰은 움직임을 제한하고, 가만히 있을 때나 하중이 가해질 때 통증을 유발하고 관절에 염증을 일으킨다.

내가 가장 좋아하는 어깨관절염 환자는 이미 84세였지만, 신체적으로 여전히 건강했기 때문에 우리는 함께 수술을 결정했다. 이 환자는 움직일 때마다 통증이 심해서 선반에서 컵조차 꺼낼 수가 없었다. 이것이 특히 속상한 일이었는데, 그녀는 아침으로 즐기는 커피 한 잔의 여유를 아주 좋아했기 때문이다.

84세는 누구나 인정하는 고령이다. 내가 정형외과 의사 초년생이던 시절이라면 아마 마취과 의사가 수술에 동의하지 않았을 것이다. 하지만 오늘날에는 상황이 많이 변했다. 노인 환자의 경우 때때로 신체나이와 달력나이가 크게 다를 수 있다는 사실이 드러났기 때문이다. 다른 중병이 없으면(예를 들어 심혈관순환계에), 수술을 막을 까닭이 전혀 없다. 게다가 오늘날 84세는 어렵지 않게 90대 중반이 될 수 있다. 그런 환자에게 10년 동안 통증과 제한된 움직임을 감내하라고 할 수는 없다!

수술이 성공적으로 끝나고, 84세 여인은 5일 뒤에 퇴원할 수 있었다. 이어진 재활치료 뒤에 그녀는 다시 선반에서 커피잔을 꺼낼 수 있어 이제 행복하다. 노인 환자들은 언제나 끈기 있게 재활치료를 받는 점이 인상적이다. 반면 최근에 나와 같은 나이의 다른 환자에게 인공고관절을 넣어주었다. 재활치료가 끝나고 병원에 온 그녀가 건조하게 말했다. "선생님, 이제 제발 재활체조나 다른 이상한 걸 처방하지 말아주세요. 나는 정원이 딸린 주택에 살아요. 그런 걸 할 시간이 없다고요!"

당연히 인공어깨관절이 필요한 젊은 환자들도 있다. 다시 나의 친구 근육맨이 이런 경우에 해당한다. 작년에 나는 35세 환자에게 어깨관절염 진단을 내려야만 했다. 그는 과도한 웨이트트레이닝으로 연골 전체가 마모되었다. 수술할 때, 대리석 구슬처럼 반들반들해진 상완골을 볼 수 있었다.

기본적으로 치료에서 인공관절 이식수술은 가장 마지막 선택이다. 관절치료는 우선 물리치료로 시작된다. 소염제를 처방하고 경우에 따라 관절에 주사를 놓는다. 이때 주로 히알루론산이 주입된다. 그것은 윤활제로서 관절의 기능을 개선한다. 삐걱거리는 옷장에 기름칠을 하는 것처럼 말이다. 그러나 신체 자체의 생체물질을 이용하는 방법도 있다. 혈액에서 성장인자를 분리해내 그것을 주사기로 관절에 주입할 수 있다. 그러면 성장인자는 관절에서 신체의 재생력을 도와, 손상된 연골의 치유와 형성을 북돋운다.

⇒ 결론

- 어깨가 아프고 움직이기 힘들다면, 부디 늦지 않게 병원에 가라. 더는 안 되겠다 싶을 때까지 참다가 비로소 의사를 찾아와선 안 된다.
- 어깨관절이 이미 손상되고 연골이 모두 마모된 뒤에는 인공관절밖에는 방법이 없기 때문이다.
- 수술 뒤에는 4~6주 동안 어깨보호대를 해야 하고, 활동이 완전히 가능해질 때까지 최대 반년이 걸릴 수도 있다.

팔꿈치와 손이 파업하면

컴퓨터 마우스 때문에:
팔꿈치와 아래팔 부위의 힘줄 염증

모두가 '테니스엘보'와 '골프엘보'라는 낱말을 들어봤을 것이다. 그런데 그것이 도대체 뭘까? 어째서 살면서 한 번도 테니스나 골프를 친 적이 없는 사람들도 그런 팔꿈치를 갖게 될까? 의학용어로 상완골외상과염(위팔뼈 바깥쪽 관절융기 염증)이라는 거창한 이름을 가진 테니스엘보는 손목관절과 손가락까지 뻗어 있는 팔꿈치 가장 바깥쪽 힘줄에 염증이 생긴 병이다. 손을 계속해서 올리거나 뻗으면, 이 부위에 과도한 부담이 가해져 염증이 생길 수 있다. 오늘날 이런 염증의 원인이 테니스인 경우는 아주 드물다. 그러나 보리스 베커와 슈테피 그라프Steffi Graf가 활동하던 시절에는 달랐다. 당시에는 야망 있는 사람이라면 모두가 동네 테니스클럽 회원이었고 새로운 슈테피, 새로운 보리스가 탄생하기를 꿈꾸며 아이들에게 테니스를 가르쳤다. 두 선수가 은퇴한 이후로 테니스 붐은 확실히 잠잠해졌고, 테니스클럽들은 차세대를 확보하기 위해 홍보에 열을 올린다. 테니스의 뜨거운 인기가 가라앉으면서 테니스엘보 현상도 잠잠해졌다. 라켓이나 훈련 방법이 개선되어서가 아니라, 그냥 테니스를 치는 사람이 줄었기 때문이다. 그렇다고 그런 질병이 없어진 건 아니다. 오늘날에는 주로 컴퓨터 마우스로 인해 이런 힘줄 염증이 생긴다!

온종일 마우스를 움직이는 사람은 계속해서 손을 살짝 뻗은 자세로 있다. 이것은 손의 신전근(폄 근육)에 지속적인 무리를 가한다는 뜻이다. 미국에서는 이런 현상을 쉽게 '마우스엘보'라고 부르지 않고, 'Repetitive Strain Injury Syndrome', 즉 'RSIS'라는 멋진 이름을 발명했다. 대략 번역하면 '반복 사용 긴장성 손상증후군'이라는 뜻이다. 옛날 테니스엘보에 맞춰 '마우스엘보'라 부르는 것이 더 좋아 보이기 때문에 나는 이 개념을 사용한다. 마우스엘보는 평소 혹은 직장에서 장시간 컴퓨터를 사용하는 사람들에게 자주 생기는 병이다. 바야흐로 마우스엘보가 빈번해지면서, 독일에서는 이 병을 직업병 목록에 추가하는 문제에 대해 계속 토론하고 있다. 바닥에 타일 깔기처럼 무릎을 꿇고 일하는 직종에서 무릎관절염이 직업병으로 인정되는 것처럼 말이다.

약간 더 드문 골프엘보(상완골내상과염)는 손목관절이나 손가락을 구부리게 하는, 팔꿈치 안쪽 힘줄에 염증이 생기는 병이다. 주로 밭일이나 웨이트트레이닝 같은 활동이 원인이다.

테니스엘보와 골프엘보는 검사 때 팔꿈치관절 바깥쪽 혹은 안쪽의 압통이 두드러진다. 저항을 받으며 손을 뻗을 때, 팔꿈치 바깥에서 통증이 느껴진다(테니스엘보). 골프엘보의 경우에는, 저항을 받으며 손을 구부리면 팔꿈치 안쪽이 아프다. 초음파와 MRI에서 힘줄에 생긴 염증을 확인할 수 있다.

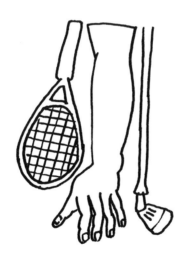

손목관절을 펴는 신전건이 연결된 팔꿈치 바깥쪽에서 테니스엘보가 생기고,
손목관절을 굽히는 굴곡건이 연결된 팔꿈지 안쪽에서 골프엘보가 생긴다.

좋은 소식이 있다. 이런 질병은 99퍼센트가 수술 없이 치료된다. 단, 전제조건이 있다. 문제를 일으킨 원인을 제거해야 한다. 마우스엘보 경우에는 인체공학 마우스와 손목받침이 있는 패드를 사용하는 것이 좋다. 또한, 높이 조절이 가능한 의자와 책상이 중요한 조처이다. 직원들의 병가를 원치 않는, 많은 관청과 기업에서 직원들에게 이런 용품들을 지원한다.

정말로 테니스나 골프를 치고 팔꿈치에 통증이 생겼다면, 훈련의 양을 줄여야 한다. 앞에서 언급했듯이, 힘줄 염증은 과도하게 사용하기 때문에 생긴다. 밴드의 도움으로 힘줄의 당김을 줄이는 것도 도움이 된다. 물리치료를 통해 짧아진 신전건(폄 힘줄)과 굴곡건(굽힘 힘줄)을 늘리는 것도 권할 만하다. 대부분 이 정도의 조처로도 벌써 좋은 효과를 기대할 수 있다.

증상이 좀처럼 나아지지 않으면, 해당 부위에 다양한 물질을 주입할 수 있다. 가장 효과적인 물질은 보톡스다! 맞다, 바로 그 보톡스 얘기다. 정확히 말해, 보툴리눔톡신은 니콜 키드먼 Nicole Kidman 이 얼굴 주름을 펴기 위해 주입하기도 하지만, 극도로 효과가 좋은 정형외과 약물이기도 하다. 테니스엘보, 마우스엘보, 골프엘보의 경우, 이 신경 독소는 근육의 힘을 완전히 빼버림으로써 손목관절과 팔꿈치의 힘줄을 쉬게 하고, 그 결과 염증이 가라앉는다. 보톡스는 대략 3개월 동안 효력을 낸다. 얼굴이든 다른 부위든 상관없다. 3개월이면 아주 적절한 기간이다. 적어도 만성 염증을 치료하기에는 아주 적당한 기간이다.

내가 아직 전공의이던 시절, 그때는 이런 힘줄 염증 환자에게 여러 주씩 깁스를 처방하여 힘줄을 쉬게 함으로써 치료했었다. 오늘날에는 그렇게 긴 깁스가 유용성보다는 오히려 문제가 더 많다는 걸 안다. 환자가 감수해야 하는 막대한 활동 제한은 두말할 것도 없다.

더는 달리 방도가 없을 때만 아주 드물게 수술을 한다. 나의 옛날 테니스코치 환자는 모든 보존적 치료를 다 시도했지만 소용이 없었다. 그 까닭은 확실히, 그가 코치로서 테니스를 버릴 수 없었기 때문이다. 테니스가 그의 직업이니 어쩌겠는가! 그는 결국 수술을 받았다. 팔꿈치 근육의 힘줄을 수술로 들쭉날쭉하게 만들어 힘줄의 당김을 줄였다. 또한 이 부위의 신경을 마비시켰다. 이 수술은 사실 기이한 방법인데, 질병의 원인이 아니라 증상만 없애기 때문이다. 그것은 마치 전기 수리기사가 깜빡거리는 전구를 갈거나 고치지 않고, 그냥 전선을 끊어버리는 것과 같다. 수술 뒤에는 4~6주 동안 팔을 쓰지 않아야 한다. 그런데 수술이 끝난 날 내가 어디에서 테니스코치를 봤는지 맞혀보라. 맞다, 테니스장! 그는 그저 잠시 들렀다 갈 생각이었지만, 어차피 왔으니 아주 가볍게 공 몇 개만 살살 쳐보았을 뿐이라나……. 어떻게 된 건지 붕대마저 사라져, 나는 더욱 화가 났다. 그리고 예상대로 수술을 다시 했다. 출혈과 염증이 난 조직을 제거해야만 했다.

의학에는 '협업'이라고도 불리는 '치료 충성도'라는 개념이 있다.

짐작했듯이 환자가 의사의 지시를 얼마나 충실히 따르느냐를 뜻한다. 얼마나 충실히 약을 먹고, 물리치료를 받고, 휴식 기간을 엄수하는가 등등. 테니스코치의 치료 충성도는 빵점이었다! 그리고 애석하게도 빵점의 불명예를 안은 환자가 그 사람만은 아니다. 통계에 따르면, 환자들 중 30~50퍼센트만이 처방된 약을 복용한다. 보호대 혹은 붕대 착용 그리고 휴식 기간 엄수 역시 더 나아 보이지 않는다. 그것은 기본적으로 "통증이 약해져서 이제 좀 살 것 같다"라고 말할 수 있을 때 발생하는 문제다. 아프고 당기고 꼬일 때는, 뭐든지 시키는 대로 하겠다고 약속한다. 엿 같은 통증과 짜증나는 제한된 움직임만 없앨 수 있다면 못 할 것이 없을 것 같다. 그러나 다시 아침공기가 상쾌하게 느껴지면, 그러니까 예전보다 조금 더 편하게 아침을 맞을 수 있게 되자마자 모든 주의사항을 잊고, 뭘 잃게 될지 고려하지 않은 채 평소 신던 장화를 다시 꺼내 신는다. 그것이 아주 나쁜 결과를 가져올 수 있지만, 애석하게도 우리는 뒤늦게 그것을 깨닫는다. 그러므로 당신이 이제 조금 나아졌다는 이유만으로, 금세 의사의 모든 조언이나 지시를 내버리지 마라. 장기 치료를 처방한 데는 다 이유가 있다. 주사나 약물로 염증을 재빨리 없애는 것과 새로운 염증을 예방하는 것은 완전히 별개다. 당신이 장기적으로 뭔가를 바꾸지 않으면 새로운 염증은 100퍼센트 다시 생긴다.

⟹ 결론

- 마우스엘보는 신종 테니스엘보다. 지속적인 잘못된 자세와 무리한 부담이 힘줄에 염증을 일으킨다.
- 인체공학적 작업환경(책상, 의자, 키보드, 마우스)은 자세를 자주 바꾸는 것과 마찬가지로 기적의 효과를 낸다.
- 의사의 조언을 따라라. 금세 다시 좋아졌더라도 치료를 중단하지 마라.
- 스트레칭과 물리치료 같은 보존적 치료법이 도움이 된다. 보톡스로 당분간 신경을 마비시키는 것도 도움이 된다. 그러나 그 효과는 단 3개월뿐이다. 인체공학을 고려하지 않은 일반 마우스를 오래도록 계속해서 사용하는 한, 조만간 똑같은 문제를 다시 겪을 수밖에 없다.

손이 꼼짝하지 않으면: 손목터널증후군

50세 여자 환자: 있잖아요, 선생님. 몇 주 전부터 오른손이 이상해요. 물건을 자꾸 떨어트려요. 손가락이 마비된 기분이에요.

의사: 어느 손가락이 그렇습니까?

환자: 엄지랑 검지 그리고 가운뎃손가락도요. 밤에 자다가 손가락이 아파서 깰 때도 있어요. 경추에 무슨 문제라도 생긴 건 아닐까요? 신경이 눌렸을까봐 겁이 나요. 마비 증상이 팔 전체로 퍼질 때도 있거든요.

이 환자의 질병은 확실히, 독일 성인 여성 약 10퍼센트가 겪는 바로 그 병이다. 과잉 부담, 잘못된 자세, 류머티즘, 임신, 조직액 과다가 주요 원인이다. 주요 증상으로 손가락이 뻣뻣해지다가 저리고 마비되며 촉각이 무뎌진다. 이런 환자들은 통증을 호소하고, 엄지와 검지와 중지 그리고 약지 절반에서 전기가 통하는 기분을 느낀다. 처음에는 한쪽 손만 그렇지만 나중에는 양손 모두가 그렇다. 처음에는 밤에만 아프지만 나중에는 온종일 아프고, 손을 아무리 세차게 흔들어도 증상이 사라지지 않는다. 이 모든 것이 손목터널증후군의 전형적인 증상이다!

손목터널증후군은 손 부위에 생기는 가장 빈번한 정형외과 질환이다. 이름이 벌써 말해주듯이, 통로가 비좁아서 생기는 통증이다. 아래팔에서 손목관절을 지나 손끝까지 뻗어 있는 손 신경이, 손목 부위의 뼈와 인대로 구성된 터널을 굴곡건과 함께 통과한다. 과잉 부담으로 굴곡건이 부풀면, 손목터널이 비좁아져 신경이 눌리게 된다. 임산부나 폐경기 여성 역시 호르몬 변화나 조직액 과다로 종종 손목터널증후군을 앓는다. 나의 아내 역시 임신 기간에 양손에 손목터널증후군이 왔었다. 처음에 나는 이것을 (가족들이 보통 그렇듯이) 몇 주씩이나 그냥 대수롭지 않게 여겼다. 이런 경우 의사 가족은 보통 환자들보다 확실히 더 불리하다. 의사들은 대개 피를 흘리거나 길에 쓰러져 있는 환자가 아니면, 추측되는 질병들을 일단 부정한다. 그래서 나의 아이들은, 그들을 진지하게 대하는 '진짜' 의사에게 가는 것을 언제나 아주 기뻐한다. 딸아이가 최근에 내게 말하기를, 우리 식구는 조류독감쯤은 걸려야 집에서 쉴 수 있을 거란다. 당시 나의 아내는 뒤늦게 제대로 된 치료를 받았고, 손목터널증후군은 금세 사라졌다.

손목터널증후군은, 누군가 정원에 물을 뿌리는 호스를 밟아 물이 나오지 않는 것과 같은 원리다. 손 신경은 간단히 말해 신체의 전선에 해당하므로, 손목터널증후군에서는 물이 아니라 전기가 통하지 않는 것이다.

통증은 주로 밤에 등장하는데, 그래서 이 통증에는 멋진 이름이 붙었다. 지각 이상성 야간 완통. 쉽게 말해, '밤에 찾아오는 고약한 팔통증'이라는 뜻이다. 잠을 자는 중에 자기도 모르게 손목이 꺾이고, 이런 '자세'가 손목의 혈액순환과 '손목 전선'의 전달력을 낮춘다. 몇 시간씩 전화통화를 하거나 자전거를 타면 손목관절이 오랜 시간 꺾

손 신경이 손목의 좁은 터널을 통과하지 못한다.

여 있어, 똑같은 일이 발생할 수 있다. 간단한 셀프테스트를 한번 해보자. 손목관절을 몇 분 동안 세게 구부리고 있으면, 손가락이 서서히 잠이 드는 기분이 들 것이다. 이때 잠을 깨우듯 손을 세차게 흔들면, 개미 수천 마리가 떼를 지어 손바닥 위를 기어 다니는 기분이 든다. 전기가 다시 흐른다는 표시다. 손이 잠에서 깨지 않거나 더 깊이 잠드는 것 같으면 손목터널증후군을 의심해볼 수 있다.

이미 오래전부터 손목터널증후군을 앓았다면, 신경이 얼마나 손상되었는지 검사해봐야 한다. 신경과 의사가 신경전달 속도를 측정한다. 이때도 전선의 경우와 비슷하게, 아직 전기가 흐르는지 그리고 얼마나 빨리 흐르는지를 전극을 이용해 측정한다.

초기이고 약한 손상이면 보존적 치료법을 쓴다. 아래팔과 손에 부목을 대서 움직이지 못하게 해두면, 손목터널의 부기가 가라앉고, 신경은 다시 넉넉한 공간을 확보하게 된다. 이렇게 해도 효과가 없거나 문제가 더 심각해지면 수술을 한다. 신경이 지나가는 터널의 지붕을 벌려 비좁음을 해결한다. 이런 간단하고 성공적인 수술은 확실히 손외과의 대표주자이다. 손목관절 주름 바로 아래를 절개하고, 손목터널 지붕을 벌리면 신경이 겉으로 드러난다. 그러면 집도의는 신경이 얼마나 곪았고, 터널이 얼마나 좁아졌는지 그리고 이제 비로소 신경이 '안도의 한숨을 내쉬는' 걸 확인할 수 있다. 수술을 하면 기본적으로 문제가 거의 즉시 사라진다. 그러나 신경이 너무 세게 눌렸으면,

수술 뒤에 완전히 회복되기까지 약 반년이 걸릴 수 있다. 손목터널증후군에서도 수술이 더는 도움이 안 되는 시점이 있다. 발병된 지 오래됐고 장기화된 신경 손상이면, 손 마비와 무지구(엄지손가락 아랫부분의 불룩한 부분) 퇴화가 올 수 있다. 물건을 쥐거나 잡을 때 필요한 엄지손가락의 놀라운 능력을 잃게 된다.

그러니 여기서도 명심해야 한다. 병원에 갈 때는 '너무 늦게'보다 '너무 일찍'이 더 낫다!

⇒ 결론

- 마비 혹은 저린 손가락을 부디 진지하게 여기고 원인을 밝혀라. 손목터널증후군의 전형적인 증상은 무감각과 엄지, 검지, 중지의 약화다. 초기에는 단지 간헐적으로 문제가 등장하다가 시간이 지나면서 미세 동작이 명확히 제한된다.
- 검사 때 신경전달 속도를 측정한다. 증상이 가벼우면 부목을 대서 손을 쉬게 하는 보존적 치료를 하면 된다.
- 더 심각한 경우에는 간단한 수술이 진행된다. 장기화된 신경 손상이 아니면 수술은 매우 성공적이다.

아무것도 구멍을 통과하지 못하면: 방아쇠 손가락

'엿됐다!' 소리가 저절로 나올 법한 짧은 이야기 하나. 헛간 울타리에 난 작은 구멍으로 뱀 한 마리가 들어왔다. 헛간에는 토끼가 있다. 뱀은 토끼를 통째로 꿀꺽 삼킨 후 들어왔던 구멍으로 다시 나가려 한다. 저런, 애석하게도 뱀은 구멍에 끼여 오도 가도 못 하게 되었다! 먹이를 통째로 삼킨 탓에 배가 불룩해졌기 때문이다.

뼈 얘기를 하다 말고 웬 뱀이냐고, 어쩌면 당신은 묻고 싶으리라. 아무튼 나는 뱀 대신 독일 코미디언 미케 크뤼거Mike Krüger가 부른 노래를 인용할 수도 있었다. 문제를 해결하려면 "우선 뚜껑의 꼭지를 제거하라"고 알려주는 노래(겨자소스를 뿌리려면 튜브에 적힌 대로 우선 뚜껑의 꼭지를 제거하고 끝에 있는 화살표를 누르면 된다고 알려주고, 무슨 일이든 안 되는 일이 있으면 이렇게 해보라고 권하는 내용이다 – 옮긴이). 뱀 이야기는 '구부러진 손가락' 혹은 '방아쇠 손가락'이라 불리는 현상을 이해하기 쉽게 잘 보여준다. 이런 손가락을 가진 환자는 진료 중에 이렇게 말할 것이다. "보세요. 이렇게 손가락을 구부리면, 다시 펼 수도 없고 움직일 수도 없어요. 다른 손으로 펴야 비로소 펴지고 움직일 수도 있어요." 의사는 환자의 구부러진 손가락을 만져보고, 굴곡건에서 두툼한 매듭을 감지한다. 그리고 환자의 손가락을 살짝 움직여보지만, 그 정도의 힘으로는 방아쇠 손가락이 꿈쩍도 하지 않는다.

　방아쇠 손가락의 원인은 굴곡건에 생긴 결절(매듭)이다. 굴곡건은 뼈에 있는 윤상인대(고리 모양의 인대)를 지나가야 하는데, 결절 때문에 고리를 통과하지 못한다. 뱃속에 있는 토끼 때문에 울타리 구멍에 끼여 오도 가도 못 하는 뱀의 상황과 똑같다.

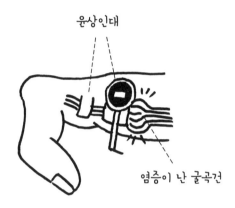

굴곡건이 윤상인대를 통과했더라도,
두툼한 매듭 때문에 되돌아 나오질 못한다.
말하자면 일방통행로가 된다.

　우리는 하루에 2만 번 이상이나 손가락을 구부리고 편다. 따라서 굴곡건에 염증이 생기는 건 그리 놀랄 일이 아니다. 여섯 시간을 잔다고 가정하면, 우리는 매일 시간당 1111번 이상씩 손가락을 움직인다. 엄청난 양의 노동이다! 손목터널증후군과 더불어 방아쇠 손가락은 손외과에서 가장 빈번한 질병이다. 환자들은 손가락을 완전히 펴거나 굽히지 못한다. 다른 손으로 세게 구부리거나 펴야 비로소 가능하다. 이런 방아쇠 손가락은 아주 불편할 뿐 아니라 통증을 일으킬 수도 있다. 도대체 누가 왜 이런 병을 앓을까? 그리고 왜 하필이면 엄지손가락에 자주 생길까? 그 까닭은 엄지손가락을 다른 손가락에 비해 훨씬 많이 사용하기 때문이다. 사물을 잡고 쥐는 모든 동작에 엄지손가락이 쓰인다. 엄지손가락이 없으면 손으로 할 수 있는 일이 심하게 제한될 것이다. 그래서 외과 의사는 사고로 엄지손가락을 잃은 환자에게 손가락 이식수술을 한다. 손의 기능을 최소한이나마 살리기 위해 다른 손가락 하나를 엄지손가락 자리에 이식하는 것이다.

방아쇠 손가락은 손을 많이 쓰는 사람에게 생긴다. 과잉 부담에 의한 힘줄 손상이 원인이다. 과도한 신체활동이 원인이므로 먼저 부담을 줄여야 한다. 과도한 사용만으로도 충분히 힘줄이 붓고 문제를 일으킬 수 있기 때문이다. 다른 한편, 힘줄에 염증을 일으키는 질병 혹은 류머티스성 질병을 앓는 사람들이 동반 증상으로 방아쇠 손가락을 앓는다. 여성이 남성보다 더 자주 걸린다. 치료는 우선 힘줄의 염증을 가라앉히고 부기를 빼는 데 집중한다. 윤상인대와 힘줄 주변에 코르티손 주사를 놓으면 된다. 이런 치료가 소용없으면, 윤상인대를 벌리는 수술이 진행된다. 단 몇 분이면 끝나는 간단한 수술로, 부어오른 힘줄(뱀)이 통과하지 못하는 고리(울타리 구멍)를 잘라준다. 약 14일 뒤면 다시 문제없이 물건을 잡을 수 있다.

⇒ 결론

- 손가락을 펴거나 굽힐 수 없고, 게다가 힘줄에 매듭이 느껴지면 진단은 명확하다.
- 코르티손과 부기 완화제로 치료를 시작한다.
- 이것이 도움이 안 되면, 입원이 필요 없는 간단한 수술로 문제를 해결해야 한다.

손가락이 갑자기 오그라들면: 뒤퓌트랑 구축증

60세쯤 된 노신사가 당신에게 악수를 청한다. 악수를 하는데 노신사의 넷째손가락과 새끼손가락이 완전히 펴지지 않는 게 감지된다. 노신사는 손가락이 구부러진 채로 악수를 한다. 무슨 일일까?

50대 이상의 약 20퍼센트가 이런 손 질환을 앓는다. 여자들은 거의 예외라고 말할 수 있을 정도로 대부분이 이 병에 걸리지 않는다. 이 병은 명확히 유전자적 요소가 있는 전형적인 '할아버지 질병'이다. 나는 최근에 나의 아버지가 이 병에 걸린 것을 확인하고 충격을 받았다. 나 역시 나중에 이 병에 걸릴 확률이 아주 높기 때문이다.

이 병은 1832년에 기욤 뒤퓌트랑Guillaume Dupuytren이라는 프랑스 외과 의사가 처음 발견했다. 그래서 이 병의 이름이 남작의 이름을 딴 '뒤퓌트랑 구축증'이다. 그 후로 많은 시간이 흘렀지만, 의학계는 여전히 결합조직이 비대해지는 원인을 찾아 어둠 속을 헤맨다. 이 병은 대개 명확한 원인 없이 생기고, 몇몇 환자들은 당뇨를 앓기도 한다. 환자의 네 번째와 다섯 번째 손가락 안쪽 부위에 흉터 같은 줄이 생긴다. 이런 줄 흉터가 증가할수록 손가락은 점점 더 많이 오그라들고, 심하면 손끝이 손바닥에 완전히 닿는다. 통증은 거의 없지만, 오그라든 손가락이 일상생활에 얼마나 불편할지 쉽게 상상할 수 있으리라.

뒤퓌트랑 구축증은 콜라겐 분해효소 주사로 치료한다.

앞에서 말했듯이, 주로 50세 이상의 남성이 걸린다. 눈으로 살피는 진찰이면 충분하다. 그러니까 기기를 이용한 검사는 하지 않아도 된다. 애석하게도 효과적인 보존적 치료는 없다. 연고나 약으로도 안 되고, 재활체조도 큰 효과가 없다. 불편함이 크지 않다면, 그냥 뒤야 한다. 만약 너무 많이 오그라들어 손을 사용하는 데 제한이 생기고 손가락을 펼 때 통증이 있다면 비로소 치료를 해야 한다. 그러면 기본적으로 수술로, 흉터처럼 생긴 줄을 제거한다. 얼마 전에 (박테리아처럼 콜라겐을 분해하는) 효소를 흉터 줄에 주입하는 치료법이 개발되었다. 주사를 놓으면 효소가 흉터조직을 녹인다. 주사 뒤에는 물리치료가 권장된다. 그러나 아직 이 방법은 광범위하게 사용되지 않는데, 장기간의 유의미한 연구가 아직 없기 때문이다.

⇒ 결론

- 애석하게도 이 병에는 보존적 치료법이 없어서, 병이 많이 진행되었을 때 수술로 치료해야 한다.
- 좋은 소식: 증상이 악화되지 않고 몇 년씩 그대로 유지되는 경우도 있다.
- 나쁜 소식: 특별한 원인 없이, 아주 빠른 속도로 악화되는 경우도 있다.
- 수술 시점은 언제일까? 손가락을 쫙 펴서 책상 위에 놓을 수 없으면 수술을 받아야 한다.

손가락 마디마디가 다 아프면: 다발성 관절염

이 병의 전형적인 사례인 한 환자가 정확히 50세가 되는 날 병원에 왔다. 그녀는 손가락관절이 붓고 아프고 잘 움직여지지도 않는다고 호소했다. 아침에 가장 심하고 시간이 지날수록 서서히 괜찮아진다고 했다. 혹시 어머니도 비슷한 증상이 있지 않았느냐고 묻자 그렇다고 했고, 그걸 어떻게 알았냐며 놀라서 되물었다.

이런 경우, 진단은 하나뿐이다. 아주 고약한 병! 이른바 손가락관절염! 대개 진단은 관절염 환자와의 첫 대면 때 바로 내려진다. 관련 설명을 모두 들은 뒤 환자는 정말로 충격을 받은 얼굴로 묻는다. "왜

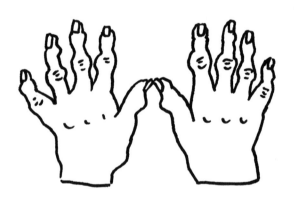

점차적으로 열 손가락 전부에 관절염이 생겨
양손이 점점 울퉁불퉁해지고 움직이기 힘들어진다.

나죠? 하필이면 왜 지금?" 세심한 정형외과 의사는 잠시 뜸을 들이다 대답할 테고, 그렇지 못한 의사는 건조하게 대답할 것이다. "관절염 은 기본적으로 나이가 들면 생기는 겁니다."

손가락관절염은 명확히 여성들에게 더 많이 생기고, 주로 폐경기 와 함께 시작된다. 손가락 둘째 관절, 셋째 관절, 그리고 엄지손가락 아랫부분인 수근중수관절(손목뼈와 손허리뼈를 연결하는 관절)에 주로 나타나지만, 몸의 다른 관절 역시 안전지대는 아니다. 손가락관절염 은 말기에는 관절 주변의 뼈가 두꺼워질 수 있다.

진단은 초음파와 엑스레이로 아주 간단히 내려지지만, 치료는 결 코 간단하지 않다. 치료가 쉽지 않고, 환자와 의사 모두가 치료 결과 에 불만족스럽다. 나의 어머니는 심한 다발성 손가락관절염을 앓았 고, 나중에는 물건을 쥐거나 글씨를 쓸 수조차 없었다. 어머니가 베 를린에서 멀리 떨어져 살았기 때문에, 나는 어머니에게 이런저런 조 언만 해줄 수 있었다. 어머니는 여러 정형외과, 류머티즘전문병원 그 리고 대학병원을 다 다녔지만, 이렇다 할 개선은 없었다. 다발성 관 절염이 심하면 소염제를 처방하고 해당 관절에 코르티손 주사를 놓 고 약한 방사선 치료인 '방사선 활액막 재생술RSO'을 쓸 수 있다. 그 러나 이런 시술을 받으려면 방사선전문의에게 가야 한다. 또한 엑스 선 자극으로 염증의 확산을 막을 수 있다. 현재 류머티즘 약의 처방 이 계속해서 의학 연구의 주제가 되지만, 아직은 일반적으로 권장되 지 않는다. 수술로 관절을 단단하게 세우거나 교체할 수 있다. 그러나 수술을 했다고 자동으로 만족스러운 결과를 얻는 건 아니다(위의 내용 참고). 결국 이런 나쁜 병에 걸린 사람은 그저 견디며 살아야 한다고 말할 수밖에 없다.

⇒ 결론

- 손에 다발성 관절염이 생긴 경우, 진단은 아주 간단히 내려지지만 치료는 아주 힘들다. 초음파 사진에 두꺼워진 관절낭과 삼출액이 나타나고, 엑스레이 사진에 작은 손가락관절의 염증이 보인다.
- 통증을 없애는 데는 이부프로펜 같은 소염제가 도움이 된다. 작업치료사의 도움을 받아 손가락에 부담을 덜어주는 요령을 배울 수 있다.
- 그 외 치료방법으로 엑스선자극법, 코르티손 주사, 방사선 시술 그리고 드물게 수술이 있는데, 모든 치료법의 결과는 애석하게도 불만족스러울 때가 대부분이다.

chapter
18

온몸을 지탱하는 다리

대퇴골두가 황무지를 만나면: 고관절증

고관절 마모는 정형외과에서 가장 빈번한 질환에 속한다. 골반을 앞으로 쭉 내밀고 팔자 다리로 뻣뻣하게 걷는 '실버세대'의 남자를 모두가 한 번쯤 봤을 것이다. 이런 특이한 걸음걸이가 바로 고관절증의 표시다! 고관절증은 통증을 일으키고 활동을 제한한다. 또한 관절에 물이 차고 부어오르고 근육이 없어진다. 심한 경우에는 결국 인공고관절을 이식하는 방법밖에 없다.

당연히 여자들도 고관절증 혹은 고관절통에서 자유롭지 못하다. 또한 젊은 사람들도 이 병에 걸릴 수 있다. 고관절증의 원인은 관절기형(이형성증), 대퇴골두의 혈액순환장애(괴사), 성장판 분리(골단 분리) 그리고 고관절 부위의 골절이다.

전공의 시절, 나는 에센대학병원에서 고관절증을 앓는 가장 젊은 환자를 만났다. 그는 겨우 다섯 살이었다. 대퇴골두가 괴사하는 병이었는데, 의학용어로는 페르테스병이다. 이 병은 대퇴골두가 심하게 기형이고 조직이 부분적으로 괴사한다. 이런 혈액순환장애가 생기는 정확한 원인은 밝혀지지 않았는데, 아마도 호르몬 때문인 것 같다. 아무튼 변하지 않는 사실은, 뼈가 살아 있는 조직이라는 것이다. 뼈는 지어지고 무너지고, 심근경색일 때의 심장처럼 괴사할 수 있다.

대퇴골두 괴사는 성인기에도 생길 수 있다. 기본적으로 과음(네덜란드계 미국인 기타리스트 에디 반 헤일런Eddie van Halen의 경우처럼) 혹은 당뇨나 지방대사장애로 생긴다. 어린이의 대퇴골두 괴사는 조기에 발견하면 쉽게 치료할 수 있다. 그러나 어른의 경우에는 종종 인공고관절 이식수술로 이어진다.

고관절 이형성증은 나중에 고관절증을 일으키는 가장 빈번한 원인이다. 대퇴골두가 고관절 오목면에 충분히 덮여 있지 않아 연골의 마모가 심해진다. 굽이 뾰족한 하이힐을 상상하면 이해하기 쉬울 것이다. 굽이 뾰족하면, 체중의 부담이 좁은 면에 집중된다. 반면 보통의 넓은 굽이면 같은 하중이 명확히 더 넓은 면으로 분산된다. 그러므로 뾰족한 굽이 훨씬 빨리 닳는다.

흥미롭게도 대부분의 독일인은 고관절 이형성증을, 아이의 다리

뾰족한 굽을 누르는 힘은 납덩이처럼 무겁지만,
넓은 굽을 누르는 힘은 깃털처럼 가볍다.

가 아니라 주로 양치기 개의 다리에 생기는 문제로 알고 있다. 생후
4~5주에 하는 유아 신체검사 때 이형성증의 유무가 밝혀진다. 초음
파로 양쪽 고관절의 상태를 검사한다. 고관절 기형이 발견되면, 기본
적으로 고관절 교정기를 처방하여 관절이 정상 형태로 형성되고 자
랄 수 있게 한다. 할리우드 스타 브룩 실즈 Brooke Shields는 한 인터뷰에
서, 자신의 딸이 그런 '고문도구'를 차야 하는
것이 얼마나 끔찍하게 싫은지 얘기한
바 있다. 실제로 아기보다 부모가 더
괴로워하는 것 같다. 내가 병원에서
만난, 골반 교정기를 찬 신생아들은
언제나 아주 해맑았다. 무슨 이유에
서든 이형성증 교정치료에 반대하
는 부모는 아이를 위해 반대하는 게
결코 아니다.

아기들은 골반 교정기를 차고도
아주 편안해한다.

고관절증의 세 번째 원인은 9세에서 14세 어린이의 대퇴골두에서 성장판이 분리되는 것이다. 과체중이거나 운동을 심하게 많이 하는 어린이에게 주로 생긴다. 대퇴골두의 이런 분리로 인해 관절이 조기에 마모되어 '거친 표면'이 생긴다. 이런 골단 분리는 대퇴골두 괴사와 마찬가지로 주로 남자아이에게 생기고, 이형성증은 주로 여자아이에게 생긴다.

이렇듯 노년에 앓게 될 고관절증의 대부분이 이미 아동기와 청소년기에 시작된다. 이제 고관절증의 마지막 원인인 골절이 남았다. 대퇴골두 혹은 고관절의 오목면에 생긴 골절이 조기에 관절을 마모시킨다. 가장 전형적인 골절은 대퇴골의 목이 부러지는 대퇴경부 골절이다. 또한 고관절을 과도하게 많이 써도 빨리 마모될 수 있다. 스키선수 마르쿠스 바스마이어Markus Wasmeier는 46세에 벌써 첫 번째 인공고관절을 이식했고 49세에 두 번째 인공고관절로 교체했다.

고관절증의 원인은 다양하다. 그러나 다행스럽게도 이런 원인들 중 몇몇은 효과적으로 예방할 수 있다. 무엇보다 아동기와 청소년기에 미리 검진을 받고 문제가 발견되면 조기에 치료하는 것이 최고의 예방법이다. 고관절 이형성증, 대퇴골두 괴사, 골단 분리가 생겨선 안 된다! 만약 이런 고관절 손상이 발견되었다면, 고관절에 부담을 주지 않는 방식으로 살아야 한다. 그러나 애석하게도 고관절이 손상된 사람들이 언제나 가장 열정적으로 조깅을 한다. 고관절이 손상된 사람들에게 조깅은 절대 금지다! 이런 환자들에게 조깅 대신 자전거나 수영 같은 다른 지구력 운동을 하라고 설득하기가 종종 쉽지 않지만, 그래도 설득한 보람이 있다. 나는 바야흐로 고관절 문제없이 행복한 환자들이 트랜스알프대회와 여타 자전거이벤트에서 보낸 엽서를 매년 받으니 말이다. 고관절이 심하게 눌리는 활동도 금지다! 스키를 탈 때는 울퉁불퉁한 슬로프를 피하고, 퇴근 후에 즐기던 배구 역시 그만두는 편이 낫다. 그리고 음식에 주의해야 한다. 때때로 돈가스를 포기하고 체질량지수를 살펴라. 체중이 1그램 늘 때마다 관절의 부담은 그만큼 커진다.

이미 관절증이 생겼다면, 관절을 유연하게 유지하고 근육을 강화하는 것이 중요하다. 크게 부푼 근육이 아니라 오래 지속되는 좋은 근육이 필요하다. 관절이 굳으면 단지 유연성만 잃는 게 아니라 아프다. 관절증 초기라면 효과적인 윤활제인 히알루론산을 관절에 주입할 수 있다. 또한 점점 많은 연구에서 가벼운 관절염에 쓸 수 있는 자기혈액치료의 효능이 입증됐다. 우리 몸이 우리를 위해 준비해둔 약이다. 몸속 혈액이 성장인자를 함유하고, 초기 관절증에 도움이 되는 물질을 생산한다.

관절증이 많이 진행되었거나 위에 언급한 치료들이 효과가 없더라도 아직 절망하기엔 이르다. 수술이 남아 있기 때문이다. 먼저 관절을 유지하는 수술을 시도한다. 관절경수술로 연골을 반들반들하게 다듬고, 염증을 일으키는 관절입자를 제거하고, 관절의 가벼운 '기형'을 바로잡는다. 이런 수술로도 소용이 없으면 관절을 교체할 차례.

고관절 교체는 20세기의 가장 성공적인 수술이다. 1년에 독일에서만 인공고관절이 23만 개나 이식되는데, 이 수치는 프라이부르크 혹은 마그데부르크 주민 수와 맞먹는다. 그리고 이식된 고관절의 95퍼센트가 20년 뒤에도 여전히 쓸 만하다. 인공고관절을 가진 환자들은 다시 테니스를 하고 스키를 타고 춤을 추고 사회생활에 동참할 수 있다. 지팡이를 짚고 '꼬부랑 영감'이라는 낙인을 받고 싶은 사람이 어디 있으랴!

지팡이냐 인공고관절이냐?
대부분의 환자가 어렵지 않게 선택한다.

수술을 할지 말지 결정할 때, 환자의 달력나이만 봐서는 안 된다. 2016년 나의 최고 환자는 92세 할머니였다. 이 대단한 환자는 수술 후 3개월이 지났을 때 아주 활기찬 얼굴로 병원에 왔다. "조금 있다 손자를 만나 쿠담에서 커피를 마실 거예요. 그리고 이제 아이폰도 생겠어요. 있잖아요, 다음에 올 때는 나의 애마 스쿠터 '베스파'를 타고 올 겁니다!" 이런 일을 겪을 때마다 필립 미스펠더 ^{Philipp Mißfelder}가 떠오른다. 독일의 우파 정당, 기독교 민주연합 소속으로, 너무 일찍 사망한 이 정치가는 85세 이상 환자들의 인공고관절 수술을 의료보험 대상에서 제외시켜야 한다고 주장했었다.

프랑스인들이 어떻게 생각하는지 모르지만, 내가 느끼기에 파리에는 유모차를 미는 노인들이 유난히 많은 것 같다. 파리의 여인들은 보행보조기 대신 유모차를 밀어, 낙인과 같은 지팡이 문제를 매우 우아하게 해결한다. 유모차를 밀면 손자를 어린이집에 데려다주는 것처럼 보인다. 게다가 장을 보는 데도 편리하고 접기도 쉽다. 세련된 파리지앵이여!

⟹ 결론

- 유년기의 고관절 손상은 진지하게 다뤄져야 한다. 치료하지 않으면 노년 관절증의 초석이 된다.
- 고관절이 조기에 손상된 경우라면, 신중하게 운동 종목을 선택해야 한다. 조깅이나 고관절을 압박하는 운동은 독이다. 과체중도 마찬가지다.
- 가벼운 고관절증은 물리치료, 히알루론산 주사 혹은 자가혈청으로 잘 치료된다.
- 관절을 유지하는 수술이 불가능하면, 인공고관절을 이식해야 한다.

고관절 고무패킹이 끊어지면: 관절와순 파열

체크무늬 바지를 입은 아주 말끔한 60대 초반 남자가 병원에 와서 고관절 통증을 호소했다. 자, 이 남자는 무슨 운동을 즐겨 할까? 맞다. 그는 골프를 친다! 이제부터 다루게 될 특별한 병은 말하자면 골프선수들에게 고질적인 병이다. 힘차게 스윙할 때, 고관절이 강하게 회전한다. 이때 아주 강한 마찰력이 생기면서 관절와순(관절입술)이 끊어질 수 있다. 그러면 고관절을 굽히거나 안쪽으로 돌리는 데 문제가 생긴다. 고관절 통증이 있지만 엑스레이 사진에는 아무것도 나오지 않기 때문에, 옛날에는 많은 환자가 엄살쟁이로 무시되곤 했었다. MRI 촬영으로 비로소 문제가 발견되고 진단이 내려지면 관절경수술로 치료할 수 있다.

고관절 오목면에 붙어 있는 관절와순은 라틴어로 라브룸^{Labrum}이라 하고, 섬유질 연골로 이루어져 있다. 간단히 말하면, 관절와순은 고관절의 고무패킹이다. 관절와순은 고관절을 보호하고 부드럽게 잘 기능하도록 도와준다. 이런 관절와순이 끊어지면 극심한 통증은 두말할 것도 없고, 위에 언급했듯이 움직임에 제한이 생긴다. 작은 손상은 그냥 두면 된다. 쉬게 해주면 저절로 치유된다. 이때 물리치료가 치유를 지원하고, 소염제로 통증을 완화할 수 있다. 관절와순이 심하게 파열된 경우에는 반드시 병원치료를 받아야 한다. 이때 두 가지 선택이 있다. 무릎관절의 반달 모양 연골과 비슷하게, 파열된 부위를 관절경수술로 꿰매거나 파열된 일부를 제거해야 한다. 심한 파열을 치료하지 않고 오래 방치하면 고관절증으로 악화될 수 있다.

⇒ 결론

- 의학기술이 발달하면서, 오늘날 관절와순 파열 환자는 더는 엄살쟁이나 꾀병으로 무시되지 않는다.
- 가벼운 파열은 보존적 치료법을 쓴다. 그냥 둬도 거의 문제가 안 되는 경우가 많다. 반면, 심한 파열은 장기적인 손상을 예방하기 위해서라도 반드시 수술을 해야 한다.
- 고관절 관점에서 보면, 골프가 항상 완벽한 운동은 아니다.

남자의 O자 다리: 무릎관절증

1974년에 찍은 사진 한 장이 내 앞에 놓여 있다. 세계챔피언 독일 축구팀 사진이다. 이 선수들은 그사이 노신사가 되었고, 공통점이 하나 있다. 공통점을 이렇게 말할 수도 있겠다. 그들은 스폰서를 바꿨다! 아디다스에서 유명한 보형물 업체로 말이다. 사진 속 선수들의 절반 이상이 현재 인공무릎관절과 인공고관절을 가졌다.

축구선수 피에르 리트바르스키Pierre Littbarski가 이미 전성기에 그랬던 것처럼 나이 들수록 주로 남자들이 O자 다리가 된다. 무릎관절증이라 불리는 고전적인 무릎관절 마모는, 한쪽으로 치우친 마모 현상 때문에 빈번하게 O자 다리를 만든다. 어떤 노신사가 O자 다리로 걷는다면 확신 있게 바른 진단을 내릴 수 있다.

왜 하필이면 남자들에게 무릎관절증이 생길까? 가장 흔한 원인은 예전에 겪었던 무릎관절 부상이다. 특히 인대 부상. 젊어서 전방십자인대 파열을 겪었던 사람은 최대 80퍼센트가 노년에 무릎관절증을 앓는다. 후방십자인대와 외측인대 부상도 나중에 막대한 결과를 초래할 수 있다. 2007년부터 2017년까지 십자인대와 외측인대 부상 그리고 슬개골 골절을 여러 차례 겪은 세계적인 알파인 스키선수 린지 본Lindsey Vonn은 무릎관절증이 예약된 상태다.

수많은 반월상연골판(무릎관절 안쪽과 바깥쪽에 하나씩 있는 섬유성 연골) 부상자들도 마찬가지다. 옛날에는 무릎연골판수술에서 반달 모양의 연골판이 과감하게 제거되고 망가진 범퍼처럼 버려졌기 때문에 노년에 관절증을 앓는 것이 불가피했다. 하지만 이런 범퍼가 없으면 관절에 과잉 부담이 생기고 관절 사이의 연골에 전혀 좋지 않다. 그래서 오늘날에는 가능한 한 이런 연골판을 치료하고 꿰매고 유지시킨다.

마지막으로 예전에 겪은 골절 부상으로 관절이 손상된 환자들이 있다. 관절의 감염과 염증도 빼놓을 수 없다. 나의 수석의사가 가르

처준 암기 문장에 따르면, 생식능력이 있는 남자의 무릎이 특별한 사고 없이 부어오르면 임질(임질균에 의해 생기는 성병)의 증거다. 커플이 나란히 정형외과에 오고, 아마도 최근에 혼자 여행을 다녀왔을 한 사람의 무릎에서 임질균이 발견되었다고 설명해야 하는 상황은 의사와 환자 모두에게 나쁘다. 대부분의 무릎관절증은 격식 없이 표현해서 '아닌 밤중에 홍두깨'처럼 생기고, 그 원인에 대해 아무도 모른다.

무릎관절의 기형도 나중에 관절증의 원인이 된다. 남자들에게서 자주 나타나는 눈에 띄는 O자 다리, 주로 여자들에게서 보이는 심한 X자 다리는 무릎관절에 편향된 하중을 만들고 그래서 무릎관절 내측 또는 외측 연골에 편향된 마찰을 야기한다. 자동차바퀴 축이 틀어져서 타이어가 살짝 기울어서 달리는 상황을 상상하면 쉽게 이해될 것이다. 기울어진 탓에 타이어의 안쪽 혹은 바깥쪽 모서리가 지면과 닿아 그쪽 고무만 심하게 마모된다. 무릎관절 기형의 경우 무릎연골에서도 같은 일이 생긴다. 그러므로 심하게 '틀어진 축'은 수평을 잘 맞춰야 한다.

존 웨인John Wayne처럼 심한 O자 다리는 조만간 무릎관절증이 생긴다는 징조다.

그렇다면 무릎관절증을 예방하려면 뭘 해야 할까? 그리고 이미 마모된 무릎관절은 어떻게 치료해야 할까? 우선 무릎 부상을 절대 가벼이 넘겨선 안 된다. 멍이 들 때마다 정형외과로 달려갈 필요는 없지만 무릎통증, 부기, 제한된 동작이 몇 주씩 지속되면 반드시 병원에 가야 한다. 감염에 의한 염증일 수 있지만 심한 마모 현상일 수도 있다. 특히 남자들이 너무 늦게 병원에 오는 경향이 있다. 이와 관련된 기이한 사례가 하나 있다. 한 노신사는 무릎을 완전히 펼 수 없어 자동차 페달에 발이 닿지 않자 운전석을 교체했다. 병원에 가서 무릎 문제를 해결하는 단순한 생각을 하지 않고 말이다. 마침내 그가 병원에 왔을 때는 이미 양쪽 무릎관절이 완전히 손상되어 모두 인공관절로 교체해야 했다. 수술 후 그는 아내의 변형되지 않은 차를 운전할 수 있게 되었고, 그의 아내가 이것을 같이 기뻐했는지는 모르겠다.

수술은 언제나 마지막 선택이다. 그러나 이때도 역시 너무 늦게 병원에 가는 것보다는 너무 일찍 가는 편이 낫다. 일찍 의사를 만날수록 수술 과정이 더 낫다. 중대한 무릎 문제를 오래 방치할 경우 인대가 너무 닳아서 수술이 아주 어려워질 수 있기 때문이다. 그러니 몸이 보내는 신호에 주의를 기울이고, 쓸데없이 오래 주저하지 마라.

무릎관절증 예방을 위한 아주 간단한 또 다른 방법은, 자기에게 맞는 올바른 운동을 고르는 것이다. 모든 운동이 모두에게 똑같이 적합한 게 아니다. 이따금 조깅을 하는 사람이라면 금방이라도 쓰러질 것처럼 달리는 사람을 보며 오히려 몸에 안 좋을 텐데, 걱정했던 경험이 한번쯤은 다 있을 것이다. 이렇듯 의학지식이 없어도 어떤 사람에게는 달리기가 오히려 몸에 해롭다는 것을 안다. 나는 조깅을 하다가 심한 O자 다리와 X자 다리로 힘들게 달리는 사람들을 종종 만난다. 그럴 때면 그들이 발을 디딜 때마다 연골이 절망적으로 외치는 소리가 들리는 듯하다. "아파요! 멈춰요!" 언젠가는 결국 연골이 화를 내며 떠나버리는 것이 당연하다. 나는 연골의 마음을 충분히 이해한다. 관절이 틀어진 사람은 관절에 추가로 무리를 주지 않는 운동을 해야 한다. 과체중일 때도 마찬가지다. 체질량지수가 35 이상이면 달리기는 확실히 좋은 생각이 아니다. 달리기보다는 수영이 훨씬 낫다. 그런데도 대부분의 환자들이 그렇게 하지 않는다. 그들은 의사가 필요할 때까지 달린다.

아무리 달려도 무릎통증에서 달아날 수 없다.
차라리 정형외과를 향해 달려라!

관절증이 확인되면 먼저 보존적 치료법을 시도한다. 움직임을 개선하는 데는 물리치료가 도움이 된다. 압박밴드와 의료용 신발이 무릎의 부담을 덜어준다. 히알루론산 주사로 관절의 윤활력을 높이면 움직이기가 한결 수월해진다. 자기 혈액에서 얻은 혈소판으로 혈장을 충분히 공급하는 것 역시 효과가 좋다.

이런 치료법으로 충분치 않으면 다양한 수술을 시도해볼 수 있다. 주로 관절경수술로 연골을 부분적으로 치료한다. 연골 손상이 심하지 않으면 아직 남아 있는 몇몇 연골세포를 추출하여 6주 이상 실험실에서 배양한 뒤 다시 연골 구멍에 주입할 수 있다. 나는 이 과정을 언제나 환자에게 다음과 같은 비유로 설명한다. 거실 나무마루 한두 곳에 나무판이 없으면 그 틈을 메우는 것은 어렵지 않다. 연골세포 이식이 그런 것이다. 그러나 여러 곳에 나무판이 없고 그 주변 나무판들 역시 오래된 계단처럼 들떠 있다면, 연골세포는 견고하게 치유되기 어렵다.

이 모든 방법이 소용없으면 끝으로 인공관절 이식수술이 남아 있다. 관절의 일부만 교체하는 부분 인공관절 혹은 전체를 교체하는 전체 인공관절이 투입된다. 최근에 학회에서 아주 멋지게 발표되었듯이 이 수술의 목표는 '무릎 잊기'다. 말하자면 인공관절로 교체한 뒤 환자는 손상된 무릎관절을 가졌었던 과거를 완전히 잊어야 한다. 최근에 수술 방법뿐 아니라 인공관절 역시 지속적으로 개선되었다. 수술 뒤에 명심해야 할 모토는 이렇다. 많이 움직이되, 부담은 적게 주기.

⇒ 결론

• 무릎 질환은 제때에 진찰을 받아야 한다.
• 연골이 완전히 손상되기 전에 '틀어진 축'을 교정하라.
• 달리기가 항상 좋은 건 아니다.
• 과체중은 관절에 부담을 준다. 특히 무릎관절에.

무릎의 완충장치가 망가지면: 반월상연골판 손상

연골판 손상에 대해서는 다들 알지만, 연골판에 대해 아주 정확히 아는 사람은 드물다. 반월상연골판은 무릎관절에 있는 일종의 완충장치다. 누구에게나 무릎에 이런 완충장치가 두 개씩 있다. 내측에 하나, 외측에 하나. 이 두 연골판은 대퇴골과 하퇴골이 만나는 무릎관절에서 하중이 고르게 분배되도록 한다. 반월상연골판은 약 90퍼센트가 콜라겐섬유이고, 이름대로 반달 모양이다. 그리스어에서 유래한 '메니스쿠스(Meniskus, 복수형: Menisci)'라는 이름이 '작은 달' 혹은 '달 모양의 물체'라는 뜻이다. 이 작은 판의 중요성은 결코 무시할 수 없다. 반달 모양의 이 완충장치가 없으면 하중이 비정상적으로 무릎연골에 가해진다. 그러면 연골은 직접적으로 가해지는 압축력(누르는 힘)과 인장력(당기는 힘)에 괴로워하며 해체로 반응한다.

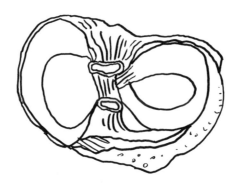

두 개의 반월상연골판이 무릎관절을 보호한다.

연골판 손상은 기본적으로 두 종류다. 부상에 의한 손상과 퇴화에 의한 손상. 연골과 마찬가지로 연골판 역시 세월과 함께 마모된다. 무릎관절은 특히 높은 하중을 받는다. 이런 하중에 의해 연골판 조직이 눌린다. 홍두깨로 누를수록 밀가루반죽이 점점 얇아지는 것처럼, 연골판 역시 하중을 받아 세월과 함께 점차 얇아진다. 점점 얇아지고 약해져서 결국 끊어진다. 내측 연골판이 외측 연골판보다 명확히 더 빈번하게 손상되는데, 내측 연골판이 덜 유연하고, 과잉 부담이 있을 때 외측 연골판만큼 잘 피하지 못하기 때문이다.

그러나 마모의 결과로만 파열이 생기는 건 아니고, 연골판 파열은 무릎관절 부위 질환의 가장 빈번한 원인이다. 그러나 반월상연골판 파열이라고 다 똑같은 파열이 아니다. 다양한 형태로 찢어진다. 단순한 일직선 파열에서 '해리포터 Z'까지 파열무늬가 아주 다양하다. 치료를 하려면, 파열의 형태를 특정하고 파열 정도를 명확히 파악하는 것이 중요하다. MRI 촬영으로 십자인대 파열 같은 동반 현상이 있는지 확인할 수 있다. 이런 동반 현상은 외상성 연골판 손상 때, 가령 무릎관절이 비틀렸을 때 자주 발생한다. 이런 인대 손상을 방치하면 연골판 치료 역시 성공을 기대하기 어렵다. 아무리 연골판을 잘 봉합하더라도, 관절이 불안정하면 장기적으로 버틸 수 없기 때문이다.

'연골판 봉합'이라는 단어가 등장했으니 이참에 연골판 손상 치료법을 알아보자. 끼임 현상처럼 작은 문제는 크게 걱정할 것 없다. 이런 경우에는 휴식하는 것으로 충분하다. 그러나 관절이 붓고 움직임이 제한되는 큰 파열은 수술을 해야 한다. 이때 적용되는 모토는 이렇다. 연골판은 제거보다 유지가 먼저다. 연골판이 일단 제거되면 그것은 연골을 더는 보호하지 못한다. 제거되면 그걸로 끝이다. 옛날 연골판수술 초기에는 아직 이런 모토가 없었고, 그래서 무릎관절 측면을 크게 절개하여 연골판을 과감하게 제거했었다. 연골판 제거수술을 받은 환자들은 거의 예외 없이 나중에 관절증을 앓았다. 당연한 결과다. 연골판 손실로 연골에 가해지는 압력이 막대하게 증가하고, 연골은 점점 더 크게 손상되어 결국 하나도 남지 않아 뼈와 뼈가 맞부딪치기 때문이다. 이른바 뼈와 뼈 사이에 병이 생긴다. 이런 환자들은 일반 사람과 비교해서 인공관절을 가질 확률이 100배 이상(!) 높다는 것이 연구를 통해 증명되었기 때문에 의학계는 수술 방법을 바꿨다.

이른바 열쇠구멍기술로 진행되는 현대적인 연골판 봉합수술이 가능하려면 연골판의 일부가 아직 좋은 구조를 유지하고 있어야 한다. 너무 손상된 연골판은 제거할 수밖에 없는데, 이때 좋은 외과 의사는 다음의 원칙을 따른다. "필요한 만큼 충분히 제거하되, 가능한 한 적게!" 이와 관련하여, 흥미롭게도 프로 선수들이 종종 연골판 봉합을 거부한다. 연골판을 제거하면 2~4주 뒤에는 확실히 다시 경기에 복귀할 수 있다. 그러나 연골판 봉합수술을 받으면 연골판이 치유될 때까지 여러 주를 쉬어야 한다. 또한 수술을 해도 부담이 높아지면 다시 파열되는 경우가 드물지 않다. 그러면 재수술을 받아야 하고 다시 경기를 쉬어야 한다. 오늘날 프로 선수들은 막대한 재정적 압력으로, 종종 자신의 몸을 심하게 착취한다. 장기적인 결과를 무시한 채 경기 시즌만 고려하는 것은 짧은 생각이다. 병원에서 다음과 같은 전형적인 대화가 진행된다.

의사: 연골판 봉합수술이 가능하겠어요. 성공 전망이 아주 좋습니다. 하지만 수술 뒤 6주 동안 목발을 짚어야 합니다. 그리고 …….

운동선수: 방금 6주라고 하셨습니까?

의사: 네, 왜요?

운동선수: 안 됩니다. 절대 안 돼요! 6주면 벌써 시즌이 끝납니다.

의사: 하지만 봉합수술이 무릎에는 더 좋아요. 그래야 장기적인

손상도 막을 수 있어요.

운동선수: 연골판의 망가진 부분을 그냥 제거해버리면 얼마나 쉬어야 합니까?

의사: 대략 14일.

운동선수: 완벽해요! 선생님, 연골판을 절대 꿰매지 않겠다고 약속해주십시오.

의사 입장에서 이런 태도는 매우 애석하다. 어떤 경우든 무릎을 위해서는 연골판을 유지하는 것이 더 나은 선택이기 때문이다. 그러나 나이에 따라 어쩌면 최대 10년을 더 프로 선수로 활동할 수 있을 거라 기대할 때 이 기간에 평생의 수입 대부분을 마련해야 하는 선수의 관점에서 보면 이런 태도는 이해할 만하다. 그렇더라도 그런 결정이 초래할 장기적인 위험에 대해서는 명확히 설명해야 한다.

연골판 유지가 불가능한 경우에는 인공연골판을 넣을 수 있다. 인공연골판은 소의 콜라겐이나 합성물질로 만든다. 미국과 달리 독일에서는 관련 법규 때문에 시체의 연골판을 이식하는 것이 불가능하다. 나는 이를 애석하게 여기는데, 시체의 연골판은 자연 조직으로 이루어져 있고 그래서 훨씬 더 치료가 잘되기 때문이다. 미국에는 특별 데이터뱅크가 있어서 환자들은 신발을 살 때처럼 정확히 맞는 크기를 고를 수 있고, 내측 혹은 외측을 선택해서 주문할 수 있어서 자기 몸에 꼭 맞는 인공연골판을 이식받을 수 있다.

퇴행성 연골판 손상일 경우, 밀폐용기의 낡은 고무패킹을 상상하면 된다. 이런 경우에는 신발끈을 묶으려고 무릎을 꿇을 때 벌써 연골판이 파열될 수 있다. 이런 연골판 손상은 우선 수술 없이 보존적 치료법을 쓴다. 차도가 없고 무릎이 계속해서 두꺼워지면, 결국 수술을 할 수밖에 없다. 상상할 수 있듯이, 이렇게 낡고 얇은 판은 꿰매봐야 소용이 없다. 그러므로 이런 경우에는 연골판의 손상 부위를 제거한다.

관절염 환자의 연골판이 파열된 경우는 다르다. 이때는 연골판 손상이 아니라 관절염이 먼저다. 연골판만 치료해서는 도움이 안 되는데, 연골판 손상은 연골 손상과 관절활액막염과 더불어 관절염의 한 부분에 불과하기 때문이다.

⇒ 결론

- 연골판 파열이라고 다 같은 파열이 아니다. 연골판은 사고나 갑작스러운 과잉 부담으로 찢어질 수 있지만 또한 고무패킹처럼 세월이 흐르면서 약해져서 끊어질 수도 있다.
- 모든 연골판 파열을 수술해야 하는 건 아니고, 설령 수술을 한다고 해도 외과 의사는 제거보다 유지를 우선순위에 둔다.

무릎에 회전문이 없으면: 십자인대 손상

때때로 의학은 아주 단순하다. 인대 두 개가 서로 교차하고 그래서 그 이름이 십자인대. 우리의 무릎에는 전방과 후방에 각각 하나씩 십자인대가 있다. 이것이 무릎관절의 중심 대들보이고 무릎관절의 안정성에 결정적 구실을 한다. 무릎관절은 일상에서 많은 부담을 받는다. 우리는 뛰고, 걷고, 달리고, 급작스럽게 속도를 바꾸고 관절을 회전한다. 무릎은 이 모든 것을(여기에 체중이 더해진다) 버티고 충격을 완화해야 한다. 이런 막대한 힘에 '무릎을 꿇지' 않도록 근육, 내·외측 인대, 그리고 무엇보다 십자인대가 열심히 일한다.

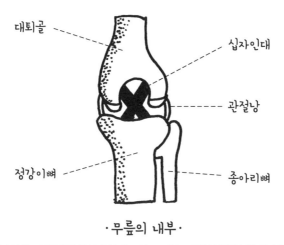

·무릎의 내부·

십자인대는 무릎관절 중앙에 십자 모양으로 있고 무릎의 안정성을 담당한다.

무릎의 내부를 앞에서 보면 먼저 전방 십자인대가 보인다. 후방 십자인대는 이름에서 예상할 수 있듯이, 전방 십자인대 뒤쪽에 있다. 십자인대는 가운데서 서로 반대 방향으로 교차한다. 십자인대는 안정성을 담당하고 우리가 무릎을 무제한으로 회전하지 못하도록 그리고 무릎관절을 과도하게 펴지 못하도록 막는다.

십자인대의 과제를 근거로, 십자인대가 손상되면 무슨 일이 벌어질지 알 수 있다. 십자인대 손상의 고전적 상황은 주말에 축구를 하다가 십자인대가 끊어지는 것이다. 열정적인 조기축구 회원이 프로 선수보다 더 자주 다치는 것 같다. 기본적으로 부족한 체력과 기술을 몸으로 때우기 때문이다. 집을 나설 때 들은 "너무 무리하진 마!"라는 아내의 경고성 당부는 경기장에 들어서는 순간 바로 잊힌다. 무릎이 뒤틀리는 불운한 사고가 벌써 발생한다. 이런 경우 대부분 전방 십자인대가 끊어지는데, 하중을 더 많이 받는데다가 더 가늘기 때문이다. 겨울에는 주로 스키 애호가들의 십자인대가 고초를 겪는다. 월요일이면 병원은 퉁퉁 부은 다리와 통증을 참느라 잔뜩 찡그린 얼굴을 가진 절뚝거리는 사람들로 북적거린다.

인대가 그저 늘어났는지, 일부가 찢어졌는지 아니면 완전히 끊어졌는지 검사해야 한다. 또한 십자인대 외에 다른 손상이 더 있는지도 살펴야 한다. 이때 종종 내측 인대와 연골판이 손상될 수 있다. 또한 연골도 손상될 수 있고 더 드물지만 골절이 더해지기도 한다.

이른바 전위검사(독일에서는 이 검사를 서랍검사라고 부른다 - 옮긴이)

가 진행된다. 가장 어려운 검사인데, 의사의 손이 무릎에 닿기도 전에 환자가 계속해서 '아야!'라고 외치기 때문이다. 전위검사는 등을 대고 누운 자세에서 진행되는데, 이때 환자의 다리가 검사대 앞쪽으로 그네처럼 흔들거린다. 이제 의사가 한 손으로 뒤꿈치를 잡고 다른 한 손으로 환자의 정강이를 잡은 후 앞으로 당기거나 뒤로 누른다. 정상적인 십자인대라면 아무 일도 안 생긴다. 전방 십자인대가 손상되었으면 정강이뼈가 관절에서 빠진다. 마치 서랍처럼. 후방 십자인대가 손상되었으면 정강이뼈가 뒤로 쑥 밀린다. 무릎관절이 양 꼬리처럼 헐겁게 흔들린다. 기본적으로 0.5센티미터 이상 밀리면 십자인대 파열이다. 그러나 주말 축구 때 관절에서 무슨 일들이 더 벌어졌는지 확인하려면 MRI를 찍어봐야 한다.

만약 검사 때 무릎이 충분히 안정적이면, 늘어난 전방 십자인대와 부분적인 파열은 수술 없이 부목, 물리치료, 해당 부위 근육운동으로 치료된다. 무릎이 안정적이지 않은 파열이면 수술을 해야 한다. 불안정한 관절은 관절증으로 발달할 위험이 아주 높은데, 연골이 과도하게 부담을 받아 점차 마모되기 때문이다. 45세에 벌써 인공무릎관절을 갖고 싶은 사람은 아무도 없을 테니 십자인대를 교체한다. 기본 원칙은 우리 몸에서 생산한 재료를 쓰는 것이다. 기발하게도 우리 몸에는 가져다 쓸 수 있는 힘줄이 아주 많다. 대퇴부 뒤쪽 힘줄, 대퇴부 앞쪽 힘줄, 무릎힘줄이 적당하다. 수술 후 6주가 지나면 다리는 다시 정상으로 돌아온다. 그러나 프로 선수들은 다시 경기를 뛸 수 있기까지 족히 6개월을 더 기다려야 한다.

정형외과에서 십자인대수술은 인도 거리의 소만큼이나 많다. 1980년대까지만 해도 환자의 나이 제한이 있었다. 50세 이상이면 십자인대 수술을 받을 수 없었다. 다행히 그런 시절은 끝났다. 오늘날에는 달력나이보다 신체나이를 더 중시한다. 건강한 무릎관절을 가진 건강한 65세의 십자인대가 파열되었으면 수술을 한다. 수술 방법이 계속 발전하고 있고 성공 전망도 매우 좋다.

여담으로 밝혀두건대, 비록 당신이 이 책을 읽으면서 ('조기축구 회원과 프로 선수'라는 단어 때문에) 십자인대 파열과 남자를 연결했을지 모르지만, 사실은 십자인대가 손상될 위험은 여자가 남자보다 대략 다섯 배(!) 높다. 해부학적·호르몬적 원인 때문이다. 이렇듯 인생은 때때로 불공평하다. 하지만 그 대신 여자들은 기본적으로 대머리가 되진 않으니까. 여자 축구선수, 스키선수 그리고 스노보드선수들도 자주 십자인대를 다친다. 그리고 한쪽 무릎의 십자인대가 파열된 뒤에 다시 다른 쪽 무릎에 파열이 생기는 경우가 드물지 않다. 이와 관련하여 나는 얼마 전에 쌍둥이에게서 아주 희귀한 사례를 겪었다. 두 소녀는 열정 넘치는 축구선수였다. 내가 동생의 십자인대를 치료하여 다시 건강하게 축구장으로 돌려보내고 얼마 뒤, 언니의 십자인대가 파열되었다. 그리고 내가 언니를 다시 건강하게 축구장으로 보냈을 때, 이번에는 동생이 다른 다리의 십자인대가 파열되어 내게 왔다. 결국 쌍둥이 자매는 축구를 그만두기로 결정했다.

⟹ 결론

- 불안정한 관절은 장기적으로 관절증의 위험을 최소화하기 위해서라도 수술을 해야 한다.
- 조금 늘어났거나 약한 파열이어서 관절이 안정적이면, 우선 보존적 치료법을 시도한다. 그러면 여러 주 동안 부목을 대고 있어야 한다.
- 수술 뒤에는 약 6개월 동안 운동을 쉬어야 한다.

슬개골이 빠지면: 슬개골 탈구

나는 전공의 시절에 수많은 진단서를 끊어야 했는데, 그중에서 흥미진진하면서도 특이한 사례를 소개하면 다음과 같다. 한 법학과 여대생이 같은 과 남자친구와 합의 아래 섹스를 했다. 당연히 섹스에는 수많은 자세가 있다. 침실에서 무슨 일이 있었든, 변하지 않는 사실은 여대생의 슬개골이 섹스 중에 빠졌고 이것을 대학병원에서 다시 끼워 넣어야 했다는 것이다. 여대생은 이 일로 남자친구를 신체상해죄로 고소했고 배상금을 요구했다.

나는 이 사고가 혹시 '우연한 사고'는 아닌지, 그러니까 해변에서 비치타월에 누웠다 일어설 때, 스케이트보드를 탈 때 혹은 다른 우연한 상황에서 슬개골이 빠진 사고가 아닌지 알아내야 했다. 아니면 이것이 보험 차원의 '특수한 사고'인지, 그러니까 '외부로부터 갑자기 신체에 가해진 사고로 보험 가입자가 본의 아니게 건강을 해치게 된' 사건인지를 밝혀내야 했다. 질문이 이어졌고, 사고 경위가 재구성되었고, 무릎 축이 측정되었고, 안정성이 검사되었다. 마침내 결과가 나왔다. 법학과 여대생은 주로 여성들이 가진 위험요인인 과도한 유연성을 가졌고, 무릎관절 기형에 의한 전형적인 '슬개골 탈구'가 의심되었다. 그녀의 '전' 남자친구에게 다행하게도 고소는 취하되었다. 그러나 그들이 어떤 자세의 섹스를 해서 슬개골이 빠졌는지는 해명되지 않았다.

슬개골의 불안정성은 큰 문제다. 전형적인 환자는 16~30세 사이의 젊은 여자다. 여대생 환자는 무릎 앞쪽에서 별다른 통증을 느끼지 않았고, 과도한 유연성을 가졌다. 말하자면 관절이 강하게 압축될 수 있다. 이 현상은 남자보다 여자에게 월등히 많이 나타난다. 이 환자는 쉽게 발목을 삐는 경향이 있고, 살짝 X자 다리처럼 정강이뼈가 밖으로 돌아간 상태로 걷는다. 게다가 슬개골이 자리를 잘못 잡았다. 일반적으로 슬개골은 정상일 때, 낙타의 두 혹 사이에 있는 것처럼 놓여 있다. 두 혹이 단단히 잡고 있어서, 슬개골은 움직임에 따라 안정적으로 위 혹은 아래로 미끄러진다. 선천적 이유로 두 혹 중 하나가 없으면 슬개골이 자꾸 자리를 이탈한다.

슬개골이 자꾸 자리를 이탈하면, 시간이 지남에 따라 슬개골 혹은 윤활막 뒤편 연골이 손상된다. 환자가 다리를 늘어뜨리고 검사대에

건강한 관절에서 슬개골은 낙타 등의 두 혹 사이에 있는 것처럼 놓여 있고
혹 하나가 없으면 슬개골이 관절에서 미끄러져 나온다.

앉았을 때, 손으로 만져보기만 해도 벌써 손상을 확인할 수 있다. 마치 베어링에 모래가 낀 것처럼 삐걱거리고 마찰을 일으킨다.

어떻게 해야 할까? 심하지 않으면 보존적 치료법인 압박밴드와 물리치료를 처방한다. 슬개골이 너무 자주 탈구되면 수술이 불가피하다. 슬개골이 너무 자주 탈구되어 연골이 너무 많이 손상되면 복구 불가 사태가 생길 수 있다. 정형외과 의사는 이것을 'point of no return (돌아갈 수 없는 지점)'이라고 부른다. 연골 손상이 더는 복구될 수 없다. 수술을 통해 새로운 인대로 슬개골을 묶어 더는 밖으로 이탈하지 못하게 한다. 또한 슬개골의 윤활막 형태를 새롭게 바꿔야 할 때도 있다.

⟹ 결론

- 주로 여자, 과도한 유연성을 가진 사람, 관절이 기형인 사람에게 특히 잘 발생한다.
- 탈구가 너무 잦으면 수술해야 한다. 그게 아니라면 압박밴드와 물리치료로 치료할 수 있다.
- 잘못이 확실할 때만 남자친구를 고소해라.

무릎에 무리가 가면: 슬개건 통증

대표적인 환자는 대략 8학년쯤으로 보이는 남학생으로, 농구나 배구클럽에서 선수로 뛰고 언제나 청바지를 '한껏 밑으로 내려' 입어서 속옷이 거의 다 보인다. 그는 당연히 매우 쿨하지만, 애석하게도 부모 손에 이끌려 억지로 병원에 왔고 무릎검사를 받기 위해 청바지를 벗어야 하는 까닭을 이해하지 못했다. 아이폰을 끼고 살아 광고에서는 이 세대를 '아이세대'라고 부른다. 이 남학생은 이미 오래전부터 통증이 있었지만 숨겨왔다. 다가오는 대회도 훈련도 빠지고 싶지 않았기 때문이다. 또한 아픈 티를 내는 것은 쿨하지 못하다고 여겼기 때문이다.

진단 방법은 아주 간단하다. 그러기 위해서는 우선 청바지를 벗어

야 한다. 환자가 바지를 내리면 의사는 슬개건(무릎 힘줄) 끝을 만져
보고, 환자가 저항에 맞서(의사가 무릎을 잡고 있다) 무릎관절을 통증
없이 펼 수 있는지 점검한다. 펴지 못하면 이미 모든 것이 명백하다.

슬개건은 두께가 약 5~6밀리미터이고, 이른바 대퇴근(넓적다리근
육)의 연장선으로서 슬개골 끝에서 정강이뼈 돌출부까지 이어져 있
다. 결과적으로 슬개건은 다리의 모든 움직임에 참여한다. 대퇴골에
서 하퇴골로 힘을 전달하는 과제를 담당하기 때문이다. 슬개건이 크
게 손상되어 기능을 잃으면 무릎을 펼 수 없다.

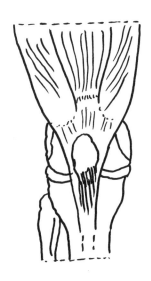

· 걸핏하면 탈이 나는 슬개건 ·
어른 아이 할 것 없이 무리해서 운동하면 무릎에 염증이 생긴다.

슬개건이 붙어 있는 돌출부는 성장판을 사이에 두고 하퇴골과 연결되어 있고, 우리의 젊고 쿨한 환자처럼 몸이 빠르게 많이 자라는 나이에는 아주 약한 부분이다. 과도한 운동으로 이 예민한 구조에 과잉 부담을 주면 이 구조는 항의 데모를 선언하고 슬개건이 화를 내며 염증을 일으킨다. 염증은 몸에게 보내는 충고와 같다.

"이봐, 친구, 좀 쉬라고!"

의사 역시 똑같이 권고할 것이다. 나는 일부러 더 강조해서 쉬라고 말하는데, 많은 환자에게 정확히 그것은 사형선고와 같기 때문이다. 쉬라고요? 그럴 수 없어요! 특히 운동선수라면, 6세든 60세든, 언제나 똑같은 반응을 보인다. 그들은 최대한 빨리 다시 운동을 하고자 하고 절대 쉬려 하지 않는다. 운동선수에게 쉬라고 하는 것은 마약중독자에게서 마약을 빼앗는 것과 같다. 그러나 다른 방도가 없다. 휴식 또 휴식, 그리고 해당 부위의 물리치료와 안정이 필요하다. 또한 당분간 소염제를 복용할 수 있다.

쉬라는 설득이 도저히 안 통하는 환자에게 나는 종종 속임수를 쓴다. 우선 운동 중단 처방을 일부러 짧게 내리고, 그 기간이 끝나면 또다시 연장한다. 불가피한 거짓말이다. 달리 무슨 방도가 있으랴! 정형외과에서 자주 처방되는 휴식 기간은 6주다. 6주 뒤면 대부분의 골절, 근육 손상, 그 외 많은 병이 치료된다. 정형외과에서 6주 전에 끝나는 치료는 거의 없다. 그러므로 나는 환자에게 3주간의 휴식을 처방하고, 그런 다음 다시 3주를 처방한다. 그러면 젊은 환자들은 종종 눈물을 흘린다. 적어도 의사 입장에서 그것은 아주 좋은 징조이고, 부모가 옆에 같이 있으면 더욱 좋다.

나이 든 운동선수의 슬개골 질환 역시 과잉 부담에 의한 슬개건 손상 때문일 때가 많다. 농구, 핸드볼, 배구처럼 점프를 많이 하는 운동이 주로 해당된다. 슬개골 골단과 슬개건 사이에 생기는 염증이 문제를 일으킨다. 때때로 모른 채 넘어가는 작고 미세한 손상이 힘줄에 생기고, 이것이 만성 염증을 야기한다. 이런 특별한 질병을 쉽게 '점퍼-니_{Jumper-Knee}'라고 부른다. 번역하면 '점프하는 사람의 무릎'이라는 뜻이다. 자, 어떻게 치료해야 할까? 맞다. 운동을 쉬어야 한다!

슬개건 부위를 자극하지 않으려면 첫째, 무리해서 운동하지 않는다. 둘째, 운동 전후에 준비운동과 스트레칭을 충분히 한다!

⇒ 결론

- 슬개건 문제는 과잉 부담이 문제다.
- 활동과 휴식의 적절한 균형을 찾아라.
- 의사가 휴식을 처방하면 그대로 따라야 한다.
- 운동 전후의 준비운동과 스트레칭이 중요한 예방법이다.

발목을 삐면: 발목관절 염좌

　나는 멋진 아파트의 소파에 누워 있다. 내가 누워 있는 멋진 아파트는 더 멋진 파리에 있다. 나는 이 멋진 도시를 관광하는 대신, 오른쪽 발목에 볼타렌(소염제) 연고를 두껍게 마르고 붕대를 감은 뒤 다리를 높이 올리고 있다. 게다가 발목을 고정하기 위해 부목이 대어져 있다. 카트린 라부레 정원에서 출발하여 앵발리드, 센강, 그랑 팔레, 에펠탑을 지나 돌아오는 구간은 내가 가장 좋아하는 조깅 코스인데, 바로 그곳에서 일이 벌어졌다. 2킬로미터쯤 달렸을 때 나는 젖은 계단에서 미끄러졌고 난생처음으로 발목을 삐었다. 정말로 아파도 너무 아팠다! 처음에는 잔디에 누워 심호흡을 하며 통증이 가라앉기를 기다려봤다. 통증은 가라앉지 않았고, 결국 나는 절뚝거리며 근처 카페로 갔다. 얼음을 얻어 발목관절을 진정시킬 요량이었다. 그러나 카페 종업원은 나의 피 묻은 긁힌 손을 힐끗 보더니 나를 쫓아냈다. 그는 분명히 카페의 새하얀 의자가 나 때문에 더럽혀질까봐 두려웠던 것 같다. 이제 어쩐다? 아파트로 돌아가야지. 하지만 돈이 없으니 택시를 탈 수도 없었다. 긴 전화통화 끝에 나는 겨우 딸을 설득하여 쇼핑 관광을 중단하고 나를 구하러 오게 했다. 우리는 집에서 만났다. 딸은 나 대신 택시요금을 지불하고, 곧바로 내게서 몇 유로가 덧붙여진 택시요금을 갈취해서는 다시 쇼핑 관광을 떠났다. 집 앞 약국에서 나는 정형외과 의사가 좋아하는 모든 것을 구했다. 이부프로펜, 반창고, 부목, 볼타렌 연고. 나는 이것들과 씨름하기 전에 먼저 얼음을 채운 냄비에 발을 넣었다. 신발 치수가 280인 사람에게 이것은 그리 쉬운 일이 아니었다.

내가 삔 발목에 적용한 원칙은 영어로 RICE(Rest-휴식, Ice-얼음, Compression-압박, Elevation-높이 두기) 혹은 독일어로는 PECH(Pause-휴식, Eis-얼음, Compression-압박, Hochlagern-높이 두기)라고 불린다. 휴식은 따로 설명하지 않아도 알 것이다. 심하게 발목을 삔 사람은 절대 계속 걸을 생각을 해선 안 된다. 얼음은 부기를 가라앉히고 더 심하게 붓지 않게 막아준다. 압박은 다리를 높이 올리는 것과 결합하여역시 부기를 완화하는 데 도움이 된다. 비스테로이드성 소염진통제군에 속하는 이부프로펜은 체계적으로 염증을 제한한다. 그리고 부목? 어쩌겠는가, 4~6주는 그렇게 부목을 대고 있어야 한다.

발을 삐는 것은 가장 빈번한 (스포츠)부상이다. 안쪽으로 발이 꺾이면 외측 인대가 늘어나는데, 이것을 발목관절 염좌라고 부른다.

인대가 늘어난 것과 인대 파열의 경계는 매우 모호하다. 인대를 고무밴드로 상상해선 안 된다. 인대는 종아리뼈와 발목관절과 뒤꿈치뼈를 연결하는, 개별 보강장치를 갖고 있는 일종의 부채에 가깝다. 발목을 삐는 사고에서 인대가 모두 끊어지는 일은 드물다. 설령 끊어지는 일이 벌어진다고 해도 일부분이다. 부채 은유를 이어가면 한 부분은 갑자기 앞으로 접히고 나머지는 그대로 있다. 인대가 늘어나는

·전형적인 사고 메커니즘·
스포츠를 하다가 혹은 하이힐을 신었을 때 발이 안쪽으로 꺾인다.

경우도 마찬가지다. 이때도 인대의 일부만 늘어나고 나머지는 그대로 있다.

발목관절 염좌의 경우 거의 항상 보존적 치료면 충분하다. 그러나 발목을 자주 삐고 앞에서 언급했던 과잉 유연성이라면, 그러니까 유연성이 과한 사람들은 종종 만성적인 발목관절 불안정에 발목을 잡힌다. 그러면 외측 인대를 강화하기 위해 관절 외측의 관절낭인대수술을 한다. 만성적인 불안정성 위험 때문에 부목을 충분히 오래하고, 너무 일찍 관절에 다시 부담을 주지 않아야 한다. 나는 개인적으로 이른바 고유수용성감각(자신의 신체 위치, 자세, 평형 및 움직임에 대한 정보를 파악해 뇌에 전달하는 감각 – 옮긴이) 훈련의 빅팬이다. 개념만 보면 어렵게 느껴지지만, 사실 흔들거리는 널빤지 위에서 균형을 잡는 훈련을 뜻한다. 이런 훈련으로 인대가 강화된다(더불어 균형감각과 협응력이 길러진다). 다친 발목관절에 좋을 뿐 아니라 우리 모두의 인대와 신체감각을 강화한다.

⟹ 결론

- RICE 혹은 PECH 규칙: 발을 삔 뒤에는 휴식, 냉찜질, 압박밴드나 부목으로 고정하기, 높이 두기가 필요하다.
- 엑스레이 사진으로 뼈 손상 여부를 확인할 수 있다. MRI 사진은 얼마나 많은 인대가 파열되었는지 보여준다.
- 부목을 충분히 오래 대고 있고, 너무 성급하게 발을 다시 괴롭히지 마라.
- 흔들거리는 널빤지 위에서 균형을 잡는 훈련이 예방에 도움이 된다. 그것은 인대를 강화하고 협응력과 균형감각을 키워준다.

영웅이 정형외과에 가야 한다면: 아킬레스건 파열

아킬레스는 그리스신화의 유명한 영웅으로, 이승과 저승의 경계인 스틱스강에 몸을 담근 이후 절대 다치지 않는 몸이 되었다. 딱 한 곳을 제외하고. 바로 그의 뒤꿈치가 유일한 약점이었는데, 전쟁 때 정확히 그곳에 화살을 맞아 죽었다. 그의 이야기는 날개를 달고 널리 퍼졌고 우리의 일상 언어에도 흔적을 남겼다. 우리는 누군가의 약점을 말할 때 아킬레스를 언급한다. "그것이 그의 아킬레스건이야."

해부학 역시 영웅의 이름을 쓴다. 뒤꿈치 힘줄을 지칭하는 아킬레스건은 우리 몸에서 가장 강한 힘줄이고 길이가 약 20~25센티미터이며 뒤꿈치와 종아리근육을 연결한다. 아킬레스건의 과제는 힘을 전달하는 것인데, 특히 발을 굽히고 펴는 데 관여한다. 아킬레스건이 없으면 우리는 걸을 수 없고 뛸 수 없고 발끝으로 설 수 없을 것이다. 아킬레스건은 막대한 하중을 견딜 수 있다. 이론적으로, 아킬레스건은 1800킬로그램 정도를 손상 없이 견딜 수 있다. 우리가 중간 속도로 달리면, 대략 500킬로그램의 부담이 이 힘줄에 가해진다. 그러나 전속력으로 달리면 1톤 이상의 부담이 가해진다. 당연히 이런 부담은 가장 질긴 힘줄에게도 버거울 수 있다. 과잉 부담이 지속되면 아킬레

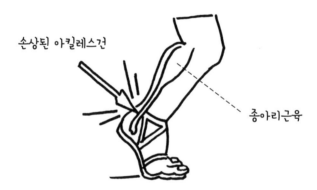

손상된 아킬레스건

종아리근육

아킬레스건이 끊어질 때 종종 끊어지는 소리가 정말로 들리는데,
이때 당사자는 처음에 누군가 그의 종아리를 찼다고 생각한다.

스건은 통증을 동반하는 염증으로 반응한다. 여기에 추가로 과도한 당김이 더해지면 예를 들어 발목을 삐끗하면 아킬레스건이 끊어질 수 있다.

주말에 취미로 축구를 하고 아들들에게 자신의 멋진 모습을 제대로 보여주고자 했던 50대 남자 환자가 있었다. 그는 끊어지는 큰소리를 들었고 극심한 통증을 느꼈으며 처음에는 누군가 그의 종아리를 찼다고 생각했다. 그가 제대로 걸을 수 없다는 걸 확인한 순간, 진단은 명확했다. 발끝으로 서보면 파열 여부를 확실히 알 수 있다. 파열이면 발끝으로 설 수가 없다. 파열은 보존적 치료법 혹은 수술로 치료할 수 있다. 선택의 열쇠는 초음파검사에 있다. 파열된 힘줄이 멀리 떨어져 있지 않으면 수술은 피할 수 있다. 너무 멀리 떨어져 있으면 수술로 힘줄을 다시 이어야 한다. 어떤 치료를 선택하든 두 경우모두 후속 치료가 아주 힘들고 짜증스러운데, 대략 6주를 스키화처럼 생긴 보호대를 착용해야 하기 때문이다. 치료 전망은 좋다. 하지만 발목에 가해지는 부담은 아주 천천히 조금씩 올려야 한다.

아킬레스건에 통증을 동반하는 염증이 난 경우를 아킬레스건염이라고 부른다. 뒤꿈치 윗부분을 만지면 길고 가느다란 줄이 도드라져 있는 게 느껴지는데, 이 부분은 압력에 약하다. 힘줄 염증은 대부분 힘줄 파열의 전단계이고, 아킬레스건 역시 예외가 아니다. 염증이 없는 건강한 힘줄이 끊어지는 일은 아주 드물다. 힘줄 염증은 과도하게 사용해서 생기고, 그래서 주로 운동선수에게 흔하다. 치료는 기본적으로 보존적인 방법으로 가능하다. 훈련을 중단하고 냉찜질이나 특정 연고를 바르고 압박붕대를 감으면 염증을 없애는 데 도움이 된다.

그럼에도 문제가 끈질기게 지속되면 주사를 놓을 수 있다. 히알루론산 주사는 승마에서 유래했다. 맞다, 우리 정형외과 의사가 그것을 수의사에게서 훔쳤고 치료 효과는 아주 성공적이다. 힘줄 주변에 히알루론산을 주입하면 이런 '말 치료'가 힘줄의 윤활력을 높인다. 우리 몸이 생산한, 혈소판이 풍부한 혈장^{PRP}을 주입하는 것도 염증을 줄일 수 있다. 혈장 주사는 근육과 힘줄 치료에 중요한 물질인 혈소판 분비를 자극한다. 이 모든 치료가 도움이 안 되고 만성이 되면 수술을 할 수밖에 없다. 염증으로 변이된 층을 관절경수술로 제거하고 이미 딱딱하게 굳은 부위를 긁어낸다. 그다음에는 인내할 일만 남는다. 이때도 여러 주 동안 '스키화'를 신어야 하기 때문이다.

그러므로 처음 문제가 생겨 통증이 있을 때 발을 가만히 쉬게 두는 것이 가장 좋다!

⇒ 결론

- 아킬레스건 문제를 진지하게 대하라! 무리했을 때 처음에는 불편한 당김이 느껴지고, 그다음엔 부어오르고, 부은 자리를 누르면 통증이 있다.
- 아무리 강한 힘줄이라도 염증이 생기면 약해지고 파열 위험이 높아진다.
- 그러므로 문제가 사라질 때까지 충분히 오래 쉬게 해야 한다.

발가락이 휘면: 무지외반증과 망치발가락

하이힐을 즐겨 신는가? 10센티미터가 넘는 높은 굽을 신고 걷는다고? 놀랍군. 당신은 이른바 무지외반증이 될 확률이 높다. 쉽게 말해 엄지발가락이 둘째발가락 쪽으로 기울어질 확률이 높다. 앞부분이 뾰족한 하이힐을 신고 또각또각 걷는 것은, 보기에 매력적이겠지만 발에게는 고문이다. 발가락은 비좁은 곳에 끼여 고통을 받고, 이것이 지속되면 심한 압박으로 인해 기형이 된다. 발의 가로 아치가 눌려서 생긴 편평족이 무지외반증을 일으킨다. 발 중간 둔덕에 생긴 넓은 굳

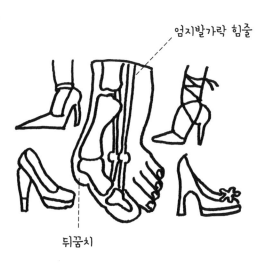

하이힐 덕분에 무지외반증은 여성 독점 질환이다.

은살에서 그것을 알아차릴 수 있다. 정기적으로 각질을 제거해도 이런 굳은살이 금세 다시 생긴다. 하이힐을 신으면 발 앞쪽이 막대한 압박을 받고, 가운데 발뼈(중족골)가 안쪽으로 휘면서 동시에 엄지발가락(무지)이 바깥으로 밀린다. 그 결과 땅콩 같은 혹이 생기고 이 혹은 대개 붉게 변하면서 붓고 염증이 생긴다. 첫 징후는 엄지발가락 내측에 각질이 과하게 생기는 것이다. 나중에는 활액낭염이 생긴다.

무지외반증은 여자들의 병으로 통한다. 유전적 조건과 약한 결합조직이 발가락 기형을 유발하지만, 잘못된 신발이 더 큰 원인이다. 톱모델이 맨발로 런웨이를 걸을 때 재빨리 모델의 발을 보면 거의 예외 없이 무지외반증을 발견할 수 있다.

예상대로 진단은 간단하지만 엑스레이 촬영으로 기형이 얼마나 진행되었는지 확인한다. 치료하지 않고 계속해서 발을 좁은 틈에 밀어 넣으면 힘줄의 비대칭을 통해 기형이 계속 진행되고 발가락은 발가락관절에서 점점 더 멀리 이탈한다. 대부분의 무지외반증이 편평족으로 시작하므로 늦기 전에 교정기, 좋은 신발, 맨발로 걷기, 소근육 훈련을 통해 편평족을 치료해야 한다. 이미 무지외반증이 진행되었으면 되돌릴 길이 없다. 비록 압박밴드나 부목으로 불편함을 줄일수는 있지만, 이런 보존적 치료법으로는 원래 자리로 돌려놓을 수 없다. 이제부터 발에 편한 슬리퍼만 신는다 해도 안 된다.

기형이 이미 너무 많이 진행되었고 관절염 위험까지 있다면 수술이 불가피하다. 수술로 첫째 가운데 발뼈를 교정하여 엄지발가락의 위치를 재조정하고 신전건(펴는 인대의 통칭. 반대로 굽히는 인대는 굴곡건이라고 한다 – 옮긴이)을 연장한다. 이 수술은 여자들이 가장 많이 받는 정형외과 수술이다. 미국에서 이 수술은 이해하기 쉽게 '발가락 리프팅Toe Lifting'이라고 불리고, 뉴욕 어퍼이스트사이드 여성들에게는 보톡스 주사와 더불어 일반적인 신체 튜닝에 속한다. 나의 진료 상담에서도 무지외반증은 거의 독점적으로 여자들만의 주제다. 하이힐은 비록 멋져 보이고 종아리를 가늘게 하고 키가 더 커보이게 하지만, 발에게는 가장 나쁘다. 나의 환자 한 명은 무지외반증수술 직후에 벌써 하이힐을 신고 병원에 왔다. 내가 따가운 시선을 보내자 이렇게 말했다. "나는 죽을 때까지 하이힐을 포기할 수 없어요. 휠체어를 타기 전까지는 하이힐을 신을 겁니다!"

인생의 많은 일들이 그러하듯 여기서도 역시 독약을 만드는 건 복용량이다. 하이힐을 포기하고 싶지 않다면 적어도 가끔은 균형을 맞추는 차원에서 굽이 없는 편한 신발을 신어 당신의 발이 편하게 움직일 수 있게 해야 한다. 그리고 신발을 살 때는 당신의 발이 하루 동안 점점 길어지고 넓어진다는 사실을 명심하라. 그것이 신발 치수에도 영향을 줄 수 있으므로 신발은 저녁에 사는 것이 좋다.

이런 점을 주의하면 외반편평족과 무지외반증의 불편한 동반 현상으로 갈퀴발가락과 망치발가락이라 불리는 발가락 기형을 막을 수 있다. 발가락의 중간 관절이 기형이면 망치발가락이고, 발가락의 첫째 관절이 기형이면 갈퀴발가락이다. 두 문제 모두 선천적인 경우는 드물다. 이런 기형은 류머티스성 질병의 결과일 수 있지만, 대부분은 잘못된 신발을 오래 신었기 때문에 생긴다. 초기에는 맨발로 걷기, 해당 근육운동, 물리치료, 교정기, 부목 등의 보존적 방법으로 치료할 수 있다. 기형이 심하면 무지외반증처럼 수술로 교정한다. 수술 결과는 좋지만, 특수 신발을 신어야 하는 6주간의 후속 치료는 대부분의 환자들에게 큰 불편을 준다. 그들이 특수 신발을 벗자마자 다시 멋진 하이힐을 신는 것은 어쩌면 당연한 일일지도 모르겠다.

⟹ 결론

- 외반편평족은 발의 퇴행성 변형 초기에 가장 흔하다.
- 하이힐에 주의하라. 복용량이 독약을 만든다! 일단 무지외반증이 되면 되돌릴 수 없다. 단지 문제를 완화시킬 뿐이고 마지막에는 '발가락 리프팅'이라 불리는 수술만 남는다.
- 신발은 저녁에 사는 게 낫다.

발에 압정이 꽂힌 기분이면: 족저근막염

혹시 이런 경험을 한 적이 있는가? 아침에 일어나 바닥을 딛는 순간, 누군가 밤사이에 침대 앞에 압정을 뿌려놓았나 의심이 갈 정도로 찌르는 듯 발이 따끔거리고 아프다. 아침에 특히 더 심해서 화장실까지 까치발로 살금살금 가게 된다.

원인은 족저근막염이다. 뒤꿈치에서 시작된 염증과 경화. 가로 아치와 세로 아치로 구성된 기발한 구조의 발은 두꺼운 족저근막(발바닥에 있는 넓은 힘줄)에 의해 당겨진다. 시간이 지나면서 세로 아치가 점점 주저앉고, 족저근막이 뒤꿈치뼈를 세게 잡아당긴다. 이것이 작은 파열을 일으키고, 그 결과로 족저근막 끝에 통증을 동반하는 염증이 생긴다(족저근막염). 염증이 생기면 우리의 몸은 조직을 수리할 특수부대를 해당 지역에 파견한다. 파열 부위에 작은 알갱이가 잔해로 남고, 이것이 근막 경화를 야기하고 결국 전설적인 족저근막염을 일

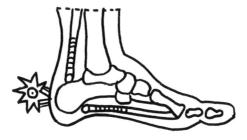

족저근막염이면 뒤꿈치에 박차가 꽂힌 것처럼 아플 수 있다 (독일에서는 족저근막염을 '뒤꿈치박차'라고 부른다 – 옮긴이).

으킨다.

이런 경화가 생기면 압정이 깔린 카펫 위를 걷는 것처럼 압정이 발바닥의 말랑말랑한 조직을 찌르는 것과 같다. 그것은 불편할 뿐 아니라 매우 고통스럽다. 전형적인 증상에서 바로 진단이 내려진다. 그러나 확실히 하기 위해 엑스레이 사진을 찍을 수 있다. 발바닥을 따라 발가락 방향으로 이어지는 경화(족저근막염) 혹은 아킬레스건을 따라 위로 오르는 경화(해글런드병)를 사진에서 확인할 수 있다. 독일인의 최대 10퍼센트가 이 병을 앓고, 여자가 남자보다 더 많다. 이 병은 노년에 발의 세로 아치가 주저앉는 것과 어느 정도 관련이 있기 때문에 족저근막염은 주로 인생 후반기에 생긴다. 그러나 노화 이외에 이런 경화를 부추기는 요소들이 있다.

- 많이 걷고 오래 서 있는 직종
- 외반족 같은 기형. 어떤 환자는 아주 심한 외반족이어서 세로 아치가 보이지 않고, 발자국에 발바닥 전체가 찍힌다. 즉, 세로 아치 부위가 안으로 오목하게 들어가지 않고 오히려 밖으로 불룩하게 나온다. 이런 경우 교정기와 올바른 신발을 처방한다. 발의 소근육을 단련하는 훈련 역시 나쁘지 않다.
- 몸의 소리에 귀를 기울이지 않고 운동을 과하게 하는 열정적인 선수들. 그들은 오래전부터 뒤꿈치 통증을 앓았지만, 더 열심히 운동하면 통증이 없어질 거라 생각했다. 완전히 잘못 생각했다!

즉시 운동을 중단하고 신발을 점검해야 한다. 무엇보다 운동 전에 워밍업을 충분히 하고 족저근막과 발 소근육을 스트레칭해야 한다.

- 그리고 마지막으로 운동계의 가장 큰 적인 과체중은 족저근막염의 위험요소이기도 하다. 신발 치수가 235인 두 발이 130킬로그램을 지탱해야 한다면 그것은 강한 부담 그 이상이다. 게다가 걷거나 달리면 이보다 더 큰 부담이 발바닥에 가해진다. 이럴 땐 체중 감소가 놀라운 효과를 낸다.

노화 이외의 위험요소는 과체중, 과잉 부담, 기형이다. 노화 현상에서는 세로 아치가 주저앉을 뿐 아니라 뒤꿈치 아래 부분의 작은 지방쿠션이 사라진다. 충격완화장치가 얇아지면서 힘줄과 뼈에 가해지는 부담이 커진다. 치료가 성공적이려면 이런 위험요소를 가능한 한 최소화하는 것이 전제조건이다. 뒤꿈치를 부드럽게 받쳐주는 보조기 혹은 신발 안에 넣는 실리콘쿠션이 간단하면서 빠른 조처다. 발 체조 역시 빼놓을 수 없고, 해당 부위의 테이핑도 도움이 된다. 염증이 심하다면 소염진통제 주사를 놓을 수 있다. 이 모든 방법이 소용없거나 뒤꿈치에 꽂힌 박차가 너무 크면 신장결석 때와 비슷하게 체외충격파 치료법을 쓸 수 있다. 족저근막염의 경우 수술은 아주 드물다. 수술은 최후의 수단이다.

⟹ 결론

- 발에 더 많은 주의를 기울여라.
- 발의 변화를 알아차리고 제때 치료를 받을 수 있게 자주 발자국을 점검해라.
- 체중을 잘 관리하여 발에 과잉 부담을 주지 마라. 운동할 때는 충분한 워밍
  업과 스트레칭에 주의하라.

허를 찌르는 허리

가슴에 손을 얹고 말하건대, 단 한 번도 허리가 아파본 적이 없다고 말할 수 있는 사람은 아무도 없을 것이다. 당신이 그렇다고? 그렇다면 당신은 정말로 특이한 사람이다. 나는 오늘이라도 당장 당신의 재능을 텔레비전 쇼에 제보하고 싶다.

허리통증은 정형외과에 가는 가장 빈번한 이유다. 머리말에서 이미 언급했던 '세계질병부담 연구'에는 허리통증이 세계적으로 사람들을 가장 많이 괴롭히는 질병으로 기록되어 있다. 그나마 다행스럽게도 허리통증으로 수술을 받아야 하는 환자 수는 많지 않다. 정형외과 질병 중에서 허리통증만큼 물리치료, 스포츠, 식단 변화, 체중 감소 같은 보존적 방법으로 잘 치료되는 질병도 없다. 이 장에서 나는 척추 부위의 주요 질병들을 조망하고, 척추에 문제가 생겼을 때 무엇을 할 수 있는지 설명할 것이다. 당연히 예방법도 알려줄 것이다. 예방만큼 좋은 것이 어디 있겠는가. 건강한 척추는 통증을 모른다!

척추의 완충장치가 망가지면: 추간판 손상, 요통, 뻣뻣한 목

다시 한번 기억을 되살리기 위해 간단히 정리하면 척추는 24개의 척추체로 구성되었는데, 각 척추체 사이에는 23개의 추간판이 있다. 이런 기발한 구조 덕분에 우리는 네 시간 동안 록 콘서트를 서서 즐기고, 공중제비를 돌고, 울퉁불퉁한 슬로프를 질주하고, 물구나무를 설 수 있다. 최대 유연성과 최대 안정성. 딱딱한 척추체 사이에서 완충장치 구실을 하는 탄력적인 추간판이 없었더라면 우리는 이런 놀라운 유연성을 갖지 못했을 것이다.

추간판은 말랑말랑한 젤리 같은 수핵과 이것을 감싸는 섬유륜으로 구성되어 있다. 세월과 함께 척추가 수십만 번씩 굽혀지고 눌리면 섬유륜이 얇아지고 밖으로 밀려나 끊어질 수 있다. 이 섬유륜에서 특별히 약한 부위가 있다. 80퍼센트 이상으로 1위 자리를 차지한 곳은 요추다. 몸통의 하중을 받치고 있는 곳이 요추이기 때문이다. 약 20퍼센트로 2위 자리를 예약한 곳은 경추다. 반면 흉추에서 추간판 문제가 생기는 경우는 아주 드물다.

추간판에는 두 가지 일이 벌어질 수 있다. 누르는 힘 때문에 추간판이 척추체에서 밖으로 삐져나온다. 추간판의 젤리 수핵이 밖으로 밀려 나오지만 아직은 섬유륜에 달려 있다. 40세부터 젤리 수핵의 탄력이 감소하면 이런 탈출 현상이 점점 더 심해진다. 이런 탈출이 꼭 통증을 일으키는 건 아니다. 어떤 환자들은 통증을 전혀 느끼지 못한다. 그러나 만약 섬유륜이 압력을 견디지 못하고 끊어지는 일이 벌어지면 문제가 심각해진다. 이런 경우를 추간판탈출증이라 부른다.

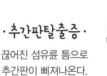

·추간판탈출증·
끊어진 섬유륜 틈으로
추간판이 삐져나온다.

추간판이 손상되면 두 가지 문제가 있다. 하나는 손상된 추간판이 척수에서 뻗어 나오는 신경을 누른다. 이것이 통증, 가려움증, 청각장애, 마비를 야기할 수 있다. 대부분 경추나 요추에서 발생하기 때문에 상지와 하지에 마비와 쇠약이 생긴다. 그러면 환자들은 예를 들어 발끝으로 서지 못하고 혹은 팔을 제대로 올리지 못한다. 드문 경우지만 대량 탈출이면 척수 전체가 막히기 때문에 방광과 직장에 해를 끼칠 수 있다.

또 다른 문제는, 추간판이 제 기능을 못하고 척추체 두 개와 추간판 하나로 구성된, 이른바 기능척추단위가 불안정해지는 것이다. 불안정한 척추단위는 부주의하게 움직일 때 허리를 관통하는 갑작스러운 요통을 야기할 수 있다(여기에 뻣뻣한 목이 더해진다). 독일에서 보통 '마녀의 화살'이라 부르는 바로 그 통증이다. 마녀의 화살을 맞아

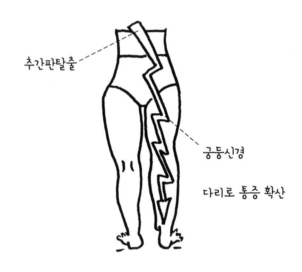

추간판탈출

궁둥신경

다리로 통증 확산

·요추의 추간판탈출·
탈출한 추간판이 좌골신경을 누르고, 이때 통증이 발까지 번질 수 있다.

통증이 생기면 주변 근육은 기능척추단위를 보호하기 위해 경직된다. 그러면 막대처럼 뻣뻣해져서 거의 움직이지 못한다. 이런 경우는 단지 기능적 문제이지 손상된 것은 아무것도 없다! 며칠, 최대 몇 주면 마녀의 저주는 끝난다. 마녀의 화살에는 온찜질, 진통제, 그리고 물리치료가 도움이 된다. 이런 요통은 우리 몸이 보내는 고마운 경고 신호이다. 생활에서 뭔가를 바꾸라고 신호를 보내는 것이다. 스트레스 줄이기, 운동하기, 인체공학적 작업환경 구성하기 등등.

추간판탈출증은 조금 다르다. 예를 들어 무거운 생수통을 들어 올릴 때 혹은 울퉁불퉁한 스키 슬로프를 질주할 때 척추를 삐는 외상으로 생길 수 있다. 그러나 이런 외상 없이 그냥 노화로 인해 추간판이 낡아서, 그러니까 닳아서 생기는 경우가 훨씬 많다. 나이가 들수록 젤리 수핵이 수분을 잃고 그래서 추간판의 탄력이 떨어진다. 이것은 아주 정상적인 척추 노화 과정에 속한다. 질병이 없는 45세 이상 100명을 '통에 넣고' 요추 MRI를 찍으면, 대다수가 추간판탈출증이다. 세월과 함께 우리 모두가 변하듯 추간판도 변한다. 우리는 얼굴의 노화를 아침에 거울을 보며 알아차리지만, 척추 완충장치의 노화는 문제가 생겼을 때 비로소 깨닫는다.

추간판이 낡아 서서히 조금씩 탈출하는 게 아니라(추간판이 낡았다고 반드시 문제를 야기하는 건 아니다), 잘못된 하중으로 생기는 문제는 대체로 급성이다. 나 역시 울퉁불퉁한 슬로프에서 스키를 타다 일을 당했다. 허리를 관통하는 통증을 알아차리자마자 나는 똑바로 설 수

코어 근육(왼쪽)을 강화하고 유연성(오른쪽)을 높이는 데
도움이 되는 주요 동작들이다.
쉽게 따라 할 수 있고 일상에서 활용할 수 있다.

가 없었다. 《노트르담의 꼽추》의 콰지모도처럼 잔뜩 웅크린 자세로 미끄러지다시피 산을 내려와, 일단 진통제를 먹고 뜨거운 물로 샤워를 한 뒤에야 비로소 어느 정도 똑바로 설 수가 있었다. 그렇지만 나의 스키여행은 그렇게 끝났다.

대부분의 급성 추간판탈출증은 수술 없이 보존적 방법으로 치료할 수 있다. 급성 단계 이후 기본적으로 6~12주가 지나면 더는 아프지 않다. 예를 들어 발을 들어 올리지 못하는 것처럼 진짜 마비가 오는 드문 경우에만 수술을 통해 추간판이 누르고 있는 신경을 자유롭게 풀어줘야 한다. 그렇지 않으면 장기적으로 신경이 손상되기 때문이다.

급성 추간판탈출증이든 서서히 진행된 노화 현상이든, 손상된 완충장치는 척추를 불안정하게 만든다. 코어 근육을 단련함으로써 문제를 해결할 수 있고 예방 효과도 있다. 이런 '코어 안정성'은 추간판탈출증 후속 치료의 핵심 요소다. 오래 서서 수술을 하기 때문에 나역시 옛날에는 자주 요통을 앓았다. 몇 년 전부터 집중적으로 코어 근육을 단련한 이후로 요통이 사라졌다.

급성일 때는 눌린 신경 주변에 주사를 놓는 것이 기적의 효과를 낼 수 있다. 그러나 장기적으로 스스로 뭔가를 해야만 한다. 하지만 애석하게도 아무도 그렇게 하지 않는다. 예를 들어 코어 근육을 집중적으로 단련해야 하고, 무거운 물건을 들어 올릴 때는 올바른 자세로 해야 한다. 무릎을 굽히고 등을 똑바로 편 자세에서 허벅지 힘으로 일어서야 한다. 또한 과체중이나 직장에서 자세를 바꾸지 않고 오래 앉아 있는 것은 허리에 독이다. 틀림없이 당신은 이 모든 것을 이미 잘 알고 있을 것이다.

⇒ 결론

- 추간판탈출증은 아주 정상적인 현상이다. 그것은 완충장치가 얇아지고 탄력이 감소하는 척추 노화 과정에 속한다.
- 이것을 예방하고 보완하기 위해서는 집중적인 코어 근육 단련이 매우 중요하다.
- 삐져나온 추간판에 신경이 눌려 마비가 생기고 장기적으로 신경이 손상되어 마비가 지속될 위험이 있을 때만 수술로 추간판탈출증을 치료한다.
- 그 밖의 경우에는 물리치료, 열치료(온수주머니가 아니라 적외선), 근육 단련 같은 보존적 치료법을 쓴다. 그리고 신경이 눌려서 생긴 급성 통증에는 주사가 효과적이다.

척추가 비좁아지면: 골연골증, 척추관절염, 척추협착증

비록 척추가 높은 안정성과 높은 유연성을 동시에 보장하는 아주 기발한 구조를 가졌더라도 혹은 바로 그렇기 때문에 추간판 혹은 척추체에서 마모로 인한 변화가 생긴다. 앞에서 이미 언급했듯이, 나이가 들면 추간판의 섬유륜 내부에 있는 젤리 수핵의 수분 함량이 감소한다. MRI를 찍으면 추간판에 하얀 수핵은 없고 그냥 까맣게 나온다. 이것을 '블랙 디스크Black Disc', 즉 '검정 추간판'이라고 부른다. 수분 함량의 감소로 추간판은 탄력을 잃을 뿐 아니라 완충장치의 두께도 얇아진다. 그래서 나이가 들면 키가 '작아지고', 예전에는 문제없이 손이 닿던 선반 맨 꼭대기에 갑자기 손이 닿지 않는다. 완충장치가 얇아져 추간판과 척추체 사이에서 강한 마찰이 생긴다. 이런 바뀐 상황에 나름대로 대처하기 위해 추간판은 갑자기 튜브처럼 사방으로 부풀고 척추체들은 서로를 강하게 압박한다. 소위 안정성을 높이기 위해 추가적인 뼈조직 고리를 만드는 것이다(골연골증). 이것은 엑스레이 사진에서 두드러지게 드러난다.

이런 추가적인 고리가 자리를 비좁게 만든다. 척수와 척수에서 나오는 신경뿌리가 좁은 틈에 끼게 된다. 설상가상으로 작은 척추관절은 얇아진 추간판 때문에 부담을 더 많이 받게 되고, 결국 관절도 염증으로 인해 비대해지면서 공간을 더욱 비좁게 한다(척추관절염). 이것 역시 기본적으로 정상적이고 일반적인 노화 과정이다. 척추는 약간 뻣뻣해지는 방식으로 이것에 반응한다. 40세가 넘으면 척추 엑스레이 혹은 MRI 사진에 이런 현상이 나타나고, 특히 경추와 요추 부위에 많다. 그리고 아주 비판적으로 유연성을 점검하면 아마 우리 모두는 옛날처럼 그렇게 유연하지 않다는 것을 인정할 수밖에 없다.

이런 마모를 통해 척수와 척수에서 나오는 신경뿌리를 위한 공간

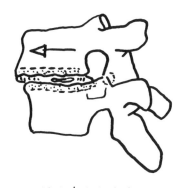

· 퇴행성 추간판 손상 ·
척추체 사이에서 추간판이 마찰을 일으킨다.

이 비좁아져 신경뿌리가 눌리면 사태는 심각해진다. 그러면 통증이 팔다리로 번진다. 앞에서 언급했듯이 신경과 척수는 우리 몸의 전선이다. 이 전선이 눌려서 모래 알갱이 한 알씩만 겨우 통과할 수 있는 모래시계처럼 전달이 정체된다. 이처럼 척수와 그 안의 신경이 모래시계 형태로 좁아지는 것을 척추협착증이라고 부른다. 이런 협착은 극심한 통증을 야기하고 환자는 몇 미터에 한 번씩 걸음을 멈추고 쉬어야 겨우 다음 걸음을 뗄 수 있다. 사람들은 이 병을 쉽게 '쇼윈도병'이라고 부른다. 그러나 멋진 상품 디스플레이 때문에 걸음을 멈추는 것이 아니다. 계단 역시 한 칸 오르고 쉴 수밖에 없다.

나이에 맞는 추간판 마모와 척추관절 퇴화는 대부분 큰 문제가 아니고, 유연성을 유지하고 근력을 키우는 척추 강화 운동으로 잘 보존할 수 있다. 그러나 심한 척추협착증은 종종 아주 힘든 질병이다. 역시 물리치료가 중요하지만, 움직임에 여러 제약이 남을 때가 많다. 때때로 두 가지 이유로 수술이 힘들다. 척추협착증은 주로 뼈가 이미 많이 약해진 노년기에 생긴다. 수술을 하면 종종 철심을 박고 나사로 조여야 하는데, 약해진 뼈가 이것을 지탱하지 못한다. 게다가 척수가 치유 불가로 손상된 경우가 많다. 만성 손상은 수술로도 삶의 질을 개선할 수 없다. 이때는 만족스러운 해결책이 없다. 오피오이드 같은 강한 진통제로 버틸 수밖에 없다. 이런 이유로 평소 척추수술을 가급적 권하지 않지만, 척추협착증이면 조기에 수술할 것을 권한다.

⇨ 결론

- 우리의 몸이 늙는 것처럼 척추도 늙는다. 사실 척추 마모는 아주 자연스러운 현상이다.
- 척추협착증은 힘겨운 보행(쇼윈도에서 쇼윈도로 계속 걸음을 멈춘다), 허리통증, 다리의 불편감으로 경고 신호를 보낸다.
- 척수가 지나는 통로가 좁아졌을 때도 해당 부위의 근육 단련과 물리치료가 도움이 된다.
- 협착이 심하고 이미 만성 통증이 되었다면 수술을 해도 항상 결과가 만족스러운 것은 아니다.

젊은 사람의 척추가 휘면:
척추측만증, 척추전만증, 쇼이에르만병, 베흐테레프증후군

허리통증은 노인들만의 문제가 아니다. 주로 젊은이들에게 생기는 척추 질환이 있다. 이를테면 척추측만증, 척추전만증, 척추후만증, 강직성 척추염이 있다.

척추측만증에서는 3차원적인 휨과 뒤틀림이 생긴다. 척추체가 뒤틀리고 척추 전체가 옆으로 휘어서 움직임에 제한이 생긴다. 이것은 성장기 골격에 생기는 병으로, 자세 교정으로 치료되지 않고 치료하지 않으면 점점 더 심해진다. 여자아이가 남자아이보다 더 자주 걸린다. 검진에서 삐딱한 골반, 처진 어깨, 요추 융기, 한쪽 편 갈비뼈 돌출이 드러난다.

척추측만증은 초기에 통증을 유발하지 않아 그냥 지나치기 쉽기 때문에 위험하다. 나는 X자 다리 때문에 왔지만 진짜 문제는 척추측만증인 여자아이들을 자주 병원에서 본다. 척추측만증을 그대로 방치하면 나중에 어른이 되었을 때 큰 문제가 생긴다. 이른바 '콥 각도'(미국 정형외과의사 존 로버트 콥 John Robert Cobb 의 이름을 딴 것임 – 옮긴이)라 불리는 휘어진 각도를 측정한다. 콥 각도가 크지 않으면 물리 치료를 처방하고, 많이 휜 경우에는 각각에 맞는 코르셋을 처방한다. 하루 최대 22시간을 착용해야 한다. 결코 쉬운 일이 아니다. 물리치료와 코르셋의 목표는 더 휘지 못하게 막는 것이다. 이미 휜 척추는 물리치료와 코르셋으로 똑바로 펼 수 없다. 그러므로 척추측만증은 조기에 발견하여 치료하는 것이 중요하다. 심하게 휘었을 경우(콥 각도가 40~50도 이상일 때) 빈번하게 수술이 불가피하다. 아주 신중하게 결정해야 하는 단계다. 수술은 대단히 어렵고 최종 결정권은 척추전문의에게 있다. 종종 여러 단계를 거쳐야 하는데, 이때 수술 준비 단계가 더 중요하다. 물리치료로 척추를 이완시키고, 헤일로고정기라는 고리 모양의 고정기를 머리에 차야 할 때도 있다. 어린이 환자들은 이 고정기를 '왕관'이라 부르기를 좋아하는데, 수술 결과를 좋게

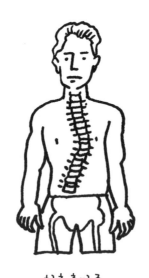

· 척추측만증 ·

척추가 옆으로 휘어서 중앙에 있지 않다.

하기 위해 이 '왕관'에 달린 줄로 척추를 여러 주 동안 당긴다. 헤일로 고정기는 겉모습이 고문도구처럼 보이지만, 치료에 도움이 되고 아이들도 거뜬히 착용한다. 척추의 일부를 뻣뻣하게 만들어 척추의 형태를 교정하고 튼튼하게 하는 수술이 있다(척추융합술). 그러나 이 수술은 매우 복잡하고, 신경 손상 위험도 있으며, 재활 기간도 아주 길다. 그러므로 아이의 비뚤어진 자세를 발견하는 즉시 대처하는 것이 가장 좋다. 정형외과에 가서 원인을 알아내야 한다. 척추측만증이 저절로 '싹트지' 않는다는 사실만은 확실하기 때문이다. 그리고 어른이 되었을 때 겪게 될 문제가 척추측만증에서 싹튼다.

젊은이들에게 생기는 또 다른 척추 질환은 척추전만증으로, 주로 마지막 요추가 밀리거나 이탈하는 병이다. 체조, 접영, 던지기 종목들처럼 요추에 과도한 부담을 주는 스포츠만이 척추전만증의 원인은 아니다. 과도한 부담이 지속되어 척추뼈고리(추궁)에 과로 골절이 생기고 이 척추체가 척추에서 이탈하여 전방으로 밀려 나온다. 척추전만증은 특히 하중이 실릴 때 통증을 야기하는데, 심하면 상상통증 같은 신경성 질환도 생기므로 이 질병은 대부분 조기에 발견된다. 엑스레이 사진으로 척추전만증이 얼마나 심한지 확인할 수 있다.

대부분은 운동 중단, 휴식, 물리치료로 치유된다. 올해 나의 마지막 환자는 14세 수영선수였다. 그녀는 12주 동안 운동을 중단했고, 지금은 다시 시합에 나간다. 그러나 여전히 물리치료를 아주 열심히

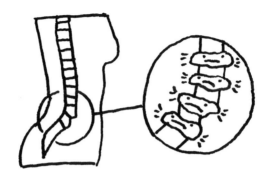

·척추전만증·
상측 척추체가 하측 척추체로 미끄러진다.

해야 한다. 척추전만증 역시 심한 경우에는 척추를 쉬게 하기 위해
코르셋을 처방한다. 드물지만 더 심하게 미끄러진 경우는 수술이 불
가피하다. 이른바 스키점프대 현상이라 불리는, 심한 밀림 현상은 요
추 부위에서 벌써 육안으로 알아차릴 수 있다.

성장기 골격의 척추 질환에는, 당신이 틀림없이 한 번쯤 들어봤을
이른바 '쇼이에르만병'(덴마크의 정형외과 의사 쇼이에르만H. W. Scheuermann
의 이름에서 딴 소위 꼽추병이다 — 옮긴이)이라는 척추후만증이 있다. 이
런 흉추 성장장애는 남자아이에게서 더 자주 나타난다. 이런 성장장
애에서는 척추체가 원통형이 아니라 쐐기 모양이다. 척추체들이 전
방으로 뾰족하게 나와서 흉추가 정상보다 심하게 굽는다. 그래서 꼽
추의 전형적인 둥근 등이 생긴다. 엑스레이 사진에서, 쉬모를결절

(독일 병리학자 게오르크 쉬모를^{Georg Schmorl}의 이름을 딴 병명 – 옮긴이), 즉 척추체의 추간판이 탈출된 것을 종종 볼 수 있다.

이 질병은 통증을 유발하지 않기 때문에 모르고 그냥 지나칠 때가 많다. 이것은 뒤늦게 문제를 일으킨다. 환자들은 대개 40세 이상이고, 모두가 눈에 띄게 굽은 등과 이로 인한 통증을 느낀다. 대부분 물리치료로 충분하고 작업환경을 최적화 하고 척추에 부담을 주는 활동을 중단하는 것이 도움이 된다. 코르셋이 처방되는 경우 는 드물고, 수술은 더 드물다. 청소년기에 이 질병을 발견하여 조기에 치료하는 것이 가장 좋다!

'쇼이에르만병'의
전형적인 꼽추 등

성장기 골격의 네 번째 질병은 베흐테레프증후군이다. 이 병명은 100년도 더 전에 이런 류머티스성 염증을 연구했던 러시아 신경학자 블라디미르 베흐테레프^{Vladimir Bekhterev}에게서 유래했다. 의학적으로 더 정확히 말하면, 이것은 강직성 척추염이다. 대부분 젊은 남성이 걸리지만 그들만 걸리는 건 아니다. 이들은 아침에 혹은 밤에 강한 허리통증 때문에 잠을 깬다. 그러나 이 병은 마모에 의한 허리통증과 달리 몸을 움직이면 다시 괜찮아진다. 또한 관절이 '일을 시작하면' 경직 역시 줄어든다. 이런 허리통증과 관절경직은 염증 때문에 생기므로 면역체계가 중대한 구실을 한다. 염증의 결과로 척추나 관절 사이에 뼈조직이 형성될 수 있고, 이것이 연결을 점점 더 경화시켜 움직임을 제한한다. 베흐테레프증후군은 주로 척추에 생기지만 또한 큰 관절에도 생긴다. 관절에 생기는 가장 인상 깊은 사례를 나는 전공의 시절에 괴팅겐대학병원에서 경험했다. 이제 겨우 20대 초반의 젊은 남자가 고관절을 거의 움직이지 못했고 척추 경직으로 양말을 신는 것조차 힘들어했다. 긴 헤맴 끝에 마침내 괴팅겐대학병원에 왔고, 거기서 내과전문의와 정형외과전문의가 함께 그를 치료했다.

· 베흐테레프증후군 ·

엑스레이 사진에서 척추가 대나무처럼 보인다.

여러 과가 협업하는 것이 좋은데, 질병의 특성상 정형외과 문제만 있는 게 아니기 때문이다. 이 병은 심하면 꼽추가 될 수 있고, 그 외에 안과 질환과 내과 질환이 더해진다. 그래서 진단할 때는 엑스레이, MRI 그리고 혈액검사가 행해진다. 이때 빈번하게 백혈구의 표면에서 특정한 유전자조합이 발견된다. HLA-B27유전자. 이 유전자는 면역체계에서 특정 방어기능을 담당한다. 베흐테레프증후군에서 유전자 기능 오류가 있는지는 오늘날까지 확실히 밝혀지지 않았다. 하지만 그에 해당하는 유전자 기형이 확실히 있는 것 같다. 이 질병은 비록 완치되지 않지만, 물리치료와 약물치료로 현상 유지가 가능하다. 그래서 역시 일찍 발견하고 일찍 치료를 시작하는 것이 중요하다.

⟹ 결론

- 아동과 청소년의 허리통증을 언제나 진지하게 대해야 한다. 인지하지 못해 치료하지 못한 기형의 결과가 빈번하게 어른이 되었을 때 드러난다.
- 자세 문제는 일찍 발견만 한다면 기본적으로 쉽게 교정될 수 있다.
- '엄마의 야망 유전자'를 잠재워라. 자식에게 최고의 스포츠 실력을 요구하는 엄마는 결코 자식을 위해 뭔가를 하는 게 아니다. 잘못된 운동은 선천적 기형을 더 강화할 수 있다.

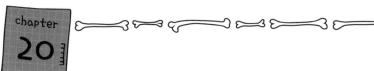

조직의 변질 – 골종양

우리의 뼈는 잘 알려진 다른 신체기관과 똑같이 살아 있다. 그래서 뼈도 암에 걸릴 수 있다. 다시 말해 뼈조직이 비대해지고 악성으로 변할 수 있다는 뜻이다. 이런 종양이 뼈에서 처음 생겼으면, 이것을 '원발성 골종양'이라고 부른다. 반면 이차성 골종양은 다른 곳에서 생긴 종양이 뼈로 옮겨온, 그러니까 전이된 것이다. 원발성 골종양은 비교적 드문 편이고, 뼈조직으로 전이된 이차성 골종양이 확실히 더 빈번하다.

원발성 골종양은 골세포, 연골세포 혹은 뼈의 결합조직에서 생길 수 있다. 골연골종 혹은 외이도골종이 가장 빈번한 원발성 골종양인데, 이것은 양성이다. 이런 종양은 관절의 성장판 주위에서 많이 생긴다. 그중에서도 무릎관절이 흔하고 엑스레이 사진을 찍으면, 버섯처럼 생긴 뼈조직들이 무성하게 자라난 모습이 보인다. 환자 스스로 피부 아래에 어떤 옹이가 있다는 것을 알아차리는 경우도 종종 있다. 또한 더 작은 '버섯들'이 엑스레이 검사 때 우연히 발견되기도 한다. 이런 옹이가 크게 방해가 안 되면 그냥 둬도 괜찮다. 이런 양성 종양은 반드시 제거해야 하는 건 아니다.

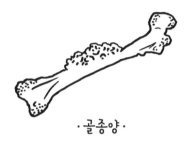

· 골종양 ·

뼈가 사방에서 우후죽순으로 마구 자라난다.

가장 빈번한 악성 원발성 골종양은 골육종이다. 이 종양은 주로 아동과 청소년에게 나타나고, 무릎관절 부위에서 주로 생긴다. 골육종은 정말로 운명의 철퇴라 할 만하다. 나는 의대생 시절에 뮌스터대학에서 정형외과 실습을 했는데, 그곳 정형외과는 골종양에 특화되었고 그래서 골육종에 걸린 수많은 젊은 환자들을 경험했다. 전체적으로 골종양은 드물지만, 이 진단이 무엇을 뜻하는지 일단 안다면 평생 잊지 못할 것이다. 뼈가 제멋대로 마구 자라나고 주변의 뼈들로 퍼져 파괴한다. 애석하게도 종양이 발견되었을 때는 이미 전이된 상태인 경우가 많다. 내가 아동과 청소년의 '성장통'에 유난히 예민하게 구는 까닭도 어쩌면 당시의 경험 때문일지 모른다. 어린 남자아이가 소위 '성장통'으로 여러 달을 고생했고, 그것은 결국 너무 늦게 골육종으로 밝혀졌다. 아이는 다리를 절단해야만 했다.

골육종이면 통증과 더불어 부어오른다. 이런 끔찍한 골육종의 약 3분의 2가 화학요법과 수술로 치료된다. 그러나 치료된다는 말이 자동으로 해당 신체 부위를 유지할 수 있다는 뜻은 아니다. 앞에서 얘기한 어린 남자아이의 사례처럼 절단이 불가피한 경우도 있다. 그사이 의수족 분야에서 대단한 발전이 있어서, 환자들이 정상적인 생활을 이어갈 수 있는 가능성이 많아졌다. 나는 뮌스터대학병원에서 겪은 어린이 환자들을 지금도 기억한다. 첫 의수 혹은 의족을 찬 어린이 환자들이 잡기 혹은 걷기 훈련을 부모에게 자랑스럽게 얘기하고 오히려 부모를 위로했다. 아이들은 정말로 믿기 어려울 정도로 대단히 강할 수 있다! 아주 당연한 듯 그리고 자신 있게 자신의 의족을 보여주는 최고의 운동선수나 파올라 안토니니^{Paola Antonini} 같은 모델도 있다.

모든 종양이 그렇듯 골종양에서도 퍼지기 전에 일찍 발견하는 것이 중요하다. 그러면 치료 전망이 명확히 좋다. 원발성 골종양이 발견되었다면, 독일의 경우 주로 대학병원에 소속되어 있는 다양한 암센터에서 치료를 받아야 한다. 이곳에서는 암전문의, 방사선학자, 골종양전문의가 모여 치료 절차를 종합적으로 논의할 수 있다.

몸에 잘 맞는 의수족은 전반적으로
정상 생활을 가능하게 한다.

다른 신체기관에 생긴 종양의 암세포가 전이된 이차성 골종양은 전반적으로 원발성 골종양보다 훨씬 흔하다. 암세포가 혈액이나 림프액을 통해 다른 신체기관으로 퍼진다. 주로 폐와 간으로 전이되고 뼈 역시 예외가 아니다. 이차성 골종양의 주요 진원지는 여자의 경우 유방암, 남자의 경우 전립선암이다. 또한 남녀 모두에게서 암이 뼈에 전이되는 가장 빈번한 원인은 폐암과 신장암이다.

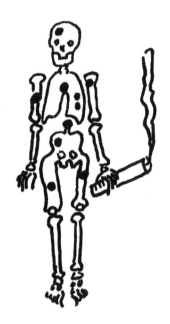

전이는 전체 골격에서 일어날 수 있지만,
주로 척추 부위에서 생긴다.

이차성 골종양은 가장 빈번하게 척추에 생기고 통증이나 골절을 통해 존재감을 드러낸다. 애석하게도 그것은 다른 신체 부위의 종양이 이미 뼈로 전이되었다는 징후다. 대부분의 경우 완치는 불가능하고 그저 동시치료, 통증 완화, 생활의 질 개선(완치보다는 최대한 정상적인 생활을 할 수 있게 하는 데 초점을 맞춘다 - 옮긴이) 그리고 가능한 경우 수명연장치료를 할 수 있을 뿐이다. 여러 약물과 방사선으로 뼈의 통증을 줄일 수 있고, 갑자기 부러지는 일이 없도록 뼈를 고정한다. 이미 뼈가 부러졌다면 수술이 불가피하다.

⇒ 결론

- 아이들의 통증은 언제나 진지하게 대해야 한다. 소위 성장통이 한 달 넘게 지속된다면 반드시 병원 진찰을 받아야 한다.
- 조기 발견, 조기 치료: 골종양은 혈액검사, 엑스레이, MRI 그리고 뼈 스캔으로 검사된다. 종양의 발원지가 뼈인 원발성 골종양보다는 다른 신체 부위에서 뼈로 옮겨온 이차성 골종양이 더 빈번하다.
- 가족 병력을 조사하라! 특히 유방암과 전립선암은 유전적 요소가 크다.
- 건강검진을 받아라. 대장암, 유방암, 피부암.

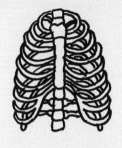

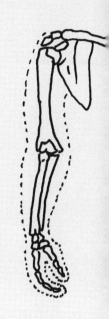

PART
VI

현대의학은 예방이다

많은 경우 이미 문제가 심각해진 뒤에야 비로소 병원에 온다. 40대 중반이 넘은 환자들은 전형적으로 근육경직, 허리통증, 코어 불안정성 그리고 잘못된 자세로 인한 손상이 있다. 컴퓨터 앞에 오래도록 앉아 있기 혹은 운동 부족처럼 대부분의 원인이 우리의 일상과 관련이 있다. 거의 모든 환자들이 최소한 20년 넘게 운동계를 검사하지 않았다. 그때까지 아무 문제없이 잘 살았는데, 굳이 검사할 이유가 뭐란 말인가! 다만, 여기서 문제는 많은 질병이 살금살금 몰래 발달한다는 것이다. 병원에 늦게 올수록, 질병에 따라 치료는 더 힘들다.

우리 인간은 살면서 다양한 정형외과적 도전과제와 연결된 다양한 발달단계를 거친다. 독일에서는 출생 이전부터 벌써 스크린 검사가 시작된다. 아기 초음파 때 모든 신체 부위가 제자리에 잘 있는지, 혹여 기형은 없는지 검사한다. 임신 20주면 벌써 텔레비전처럼 생긴 '초음파 화면'에서 기형인 발 혹은 문제성 척추를 발견할 수 있다. 이런 초음파검사의 장점은 필요한 치료를 미리 준비했다가 출생 직후 곧바로 할 수 있다는 것이다. 출생한 아기는 다음 단계의 스크린 검사로 계속해서 정기검진을 받게 된다. 이 검사는 때때로 부모에게 아기의 성취도 검사처럼 느껴지기도 한다. 신생아는 태어나자마자 팔, 다리, 관절, 척추 그리고 신장, 체중, 머리둘레를 검사받는다. U3(세 번째 검진) 때는 고관절의 기형을 확인하고 치료하기 위한 고관절 스크린이 진행된다. U4(네 번째 검진)에서 U9(아홉 번째 검진)까지는 동작장애와 협응력을 검사한다. U10-11(초등학생 때의 검진)과 J1-2(청소년기 검진)에서는 성년에 도달할 때까지 기계적 운동 발달과 자세를 점검받는다. 성년을 위한 건강검진에서는 암을 조기 발견하기 위해 자궁, 유방, 전립선, 피부, 대장을 검사한다. 이외에 치과검진도 있고 정기적으로 맞아야 하는 예방접종도 있다. 그러나 성년기부터는 어찌된 일인지 운동계가 관심 밖으로 밀려난다. 신생아부터 청소년기까지는 성장단계 검진이 아주 잘 마련되어 있지만, 성년이 되면 갑자기 운동계 검진이 끝난다. 다시 말해, 몸에 주의를 기울이고 신체 기능을 정기적으로 검사해야 한다는 것을 상기시키는 외부 자극이 전혀 없다. 골격 건강검진이 사리지는 시기는 교육, 대학, 승진, 결혼처럼 몸의 발달과는 완전히 다른 것이 중시되는 인생 단계다. 이때는 자신의 몸에 신경 쓸 겨를도 시간도 거의 없다.

그러나 많은 운동계 질환을 예방할 수 있는 열쇠가 바로 이 시기에 있다. 긍정적 결과도 부정적 결과도 모두 그 기반은 청소년기에 있다. 허리통증이 국민병이고 모든 병가의 4분의 1이 운동계 질환 때문임을 고려해보면, 더 나아가 이런 질환들을 조기에 예방할 수 있음을 명심한다면, 사실 해결책은 우리 손 안에 있는 거나 마찬가지다. 나는 2년마다 골격 정기검진을 받아야 한다고 주장한다. 공식적으로 '골격 여권제도'가 도입되면 더 좋을 것이다. 당신이 특정 질병에 걸리느냐 마느냐는 오로지 당신에게 달렸다!

예방의 첫 단계는 자가 검사다. 이미 여러 번 언급했듯이, 특정 나이부터 우리는 정형외과 검진 의무에서 벗어난다. 아무도 당신에게 이런저런 검진을 받아야 한다고 강요하지 않는다. 그러나 모든 인생 단계에는 정형외과 검진을 받아야 할 충분한 이유가 있다. 이를테면 45세부터 55세 남녀에게는 갱년기가 새로운 정형외과적 도전과제다.

이 시기에는 호르몬 분비의 감소로 근육의 양과 골밀도가 감소한다. 감소된 골밀도는 골절 위험이 높아졌음을 뜻한다. 골밀도가 10퍼센트 정도 떨어지면, 골절 확률이 세 배까지 높아진다. 현재 독일은 폐경기 여성과 60세 이상 남자를 위험 후보자로 보고 골밀도 측정을 권장하지만 의무 사항은 아니다. 골밀도 저하의 위험요소는 여성의 경우 이른 폐경이고 남성의 경우 낮은 테스토스테론 수치다. 또한 골다공증 경향, 원인불명의 허리통증, 흡연, 당뇨, 음주, 운동 부족 그리고 불균형한 식단도 위험요소다. 아무튼 모두가 이런 위험요소 중 적어도 하나씩은 가졌을 것이기 때문에 골밀도 측정은 반드시 필요하다.

자가 검사를 위해 의사에게 가지 않아도 된다. 매일 모니터 앞에 8시간씩 앉아 있다면, 정기적으로 자신의 자세를 점검해야 한다. 자세가 똑바른가? 책상과 의자의 높이가 몸에 맞는가? 그렇다고? 그렇다면 일어서서 벽에 등을 대고 서보라. 어깨와 뒤통수가 동시에 벽에 닿지 않거나 아주 힘들게 겨우 어깨가 벽에 평평하게 닿는가? 행운을 빈다! 당신도 이제 수백만의 동지들이 있는 '굽은 등 클럽'의 회원이 되었다.

　유연성과 코어 안정성을 위해 그리고 올바른 자세를 위해, 모두가 각자 뭔가를 할 수 있고 또한 해야만 한다. 기회가 있을 때마다 자신의 몸 상태를 점검하라. 샤워를 한 뒤에는 욕실 바닥에 찍힌 발자국을 살펴라. 뒤꿈치와 발가락 사이에 움푹 들어간 모양이 보이지 않으면, 발의 세로 아치가 내려앉았다는 증거고, 어쩌면 당신은 발운동이나 교정기가 필요할지 모른다.

　우리의 몸은 끊임없는 변화를 겪는다. 그것은 자연스러운 일이다. 그럼에도 우리는 요람에서 무덤까지 우리의 몸이 아무 문제도 일으키지 않기를 고대한다. 우리는 30년이 넘은 자동차를 애지중지하며 정성스럽게 쓸고 닦고, 그것에 자부심을 갖는다. 그러나 애석하게도 정작 우리의 몸에는 이런 정성을 쏟지 않는다. 우리는 마치 내일이 없는 것처럼 몸을 홀대한다. 아주 작은 주의만으로도 몸을 위해 아주 많은 걸 할 수 있는데도 말이다!

인생의 여러 단계에서 다양한 예방책이 필요하다.

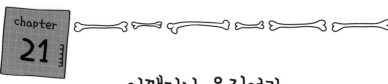

어쨌거나 움직여라

나 역시 미용실에서 심심함을 달래기 위해 잡지를 넘겨본다. 그리고 운동으로 칭송되는 모든 것에 적잖이 놀란다. 사무실에서 하라고 권하지만 아무도 사무실에서 하지 않을 것 같은 우스꽝스러운 동작들이 소개되어 있기 때문이다.

자, 어떤 운동을 해야 할까? 나는 몸매운동, 근육운동, 뱃살 빼기, 골반 바로잡기, 허리 강화 훈련, 기능 훈련, 근막 훈련, 요가, 필라테스, 태극권, 에어로빅, 줌바 댄스, 복싱, 코어 훈련, 크로스핏, 고강도 훈련, 스트레칭, 케틀벨(근력운동 기구), 플렉시바Flexi-bar, 튜브, 줄넘기, 레슬링, 트램펄린, 코어슬라이더, TRX 등에서 피트니스클럽의 프로페셔널 회원이다. 끊임없이 새로운 트렌드가 생기는 상황에서 이것은 결코 쉬운 일이 아니다. 요가처럼 고전적인 운동에서조차 최신 트렌드를 따라가기가 쉽지 않다. 피트니스클럽의 프로그램표를 보면 열 개가 넘는 요가 강좌가 있다. 아쉬탕가 요가, 쿤달리니 요가, 아누사라 요가, 하타 요가, 루나 요가, 에어리얼 요가, 소프트 요가, 파워 요가, 히트 요가, 호르몬 요가…….

운동은 단순히 몸을 움직이는 것이 아니다. 운동은 종교이고, 저마다 사도들이 있다. 지금까지 주로 소파에 누워 지냈던 사람이라면, 한눈에 파악할 수 없는 이런 수많은 프로그램들에 오히려 겁을 먹고 물러날지도 모른다. 게다가 상세히 공부하지 않으면 운동 이름조차 이해하기 어렵다.

운동을 조금 수월하게 시작할 수 있는 몇 가지 조언을 하자면 다음과 같다. 난생처음 스포츠나 운동을 시작하거나 강도를 높여볼 생각이라면, 먼저 심혈관계 검진과 정형외과 검진을 받아보는 것이 좋다. 고혈압, 틀어진 자세, 과체중인 사람은 그 상태에서 바로 스포츠를 시작해선 안 된다. 의사의 허락을 받아 특정 수준의 운동을 조금씩 지속적으로 늘려가야 한다. 나는 유산소운동, 근력운동, 유연성운동의 혼합을 강력히 권한다. 모든 운동은 이 세 가지가 조화롭게 구성되어야 한다.

근력운동의 목표는 근육을 크게 키우는 것이 아니라 잘 기능하는 근육을 만드는 것이어야 한다. 30분씩 일주일에 두 번이면 충분하다. '고강도 훈련'(High-Intensity-Training의 앞글자만 따서 HIT라고 부르기도 한다)에 관한 최신 연구들에 따르면, 운동을 굳이 길게 할 필요가 없다. 한계점 이하의 강도로 오래도록 반복하는 것보다 고강도로 짧게 근육을 단련하는 것이 더 낫다. 기구가 없어도 되고, 헬스클럽에 반드시 가야 할 필요도 없다. 근력운동의 고전에는 팔굽혀펴기, 스쿼트, 윗몸일으키기, 엉덩이브릿지, 삼두근딥스(딥스는 가슴, 삼두근, 앞 어깨에 초점을 맞추고 의자나 소파로 수행할 수 있다)가 있다. 이런 동작들로 당신은 체중을 이용하여 근육을 단련한다. 독일 체조의 아버지, 프리드리히 얀의 시대처럼 당신은 언제 어디서나 근력운동을 할 수 있다. 또한 아령이나 고무밴드를 이용해 이두근 훈련, 양팔 벌려 올리기, 교차 올리기, 노 젓기 등을 할 수 있다.

근력운동

- 팔굽혀펴기
- 스쿼트
- 윗몸일으키기
- 엉덩이브릿지
- 플랭크
- 팔 뻗기(삼두근딥스)
- 팔 굽히기(이두근 훈련)
- 양팔 벌려 올리기

- 교차 올리기
- 노 젓기

이 열 가지 훈련이면 주요 근육을 단련하는 프로그램으로 충분하다. 좋은 근육은 허리통증을 막는 데 도움이 되고, 자세를 좋게 하고, 골다공증을 예방한다. 또한 근육이 늘면서 기초대사량이 높아져 더 쉽게 체중을 줄이거나 유지할 수 있는 긍정적인 부차 효과도 있다.

앞에서 말했듯이, 30분씩 일주일에 두 번이면 충분하다. 시간을 내기 어렵다면 '7분 운동'처럼 짧게 쪼개는 방법도 있다. 30초씩 열두 개 고강도 동작을 하되, 각 동작마다 10초씩 휴식한다. 이런 식으로 짧고 강하게 할 수 있는 인터벌운동 앱이 무수히 많다.

지구력과 당신의 '펌프'를 강화해주는 유산소운동도 매우 중요하다. 심혈관계 질환을 앓은 적이 있다면 부디 먼저 어떤 운동을 할 수 있을지 의사와 상의하라(위의 내용 참고). 의사의 허락이 떨어졌다면 일주일에 두 번씩 적어도 30분을 지구력을 위해 유산소운동을 해야 한다. 단, 땀이 흐르도록 운동을 하되, 숨이 너무 차서 헐떡일 정도로는 하지 마라. 고전적인 유산소운동인 달리기, 자전거, 수영, 노 젓기, 스키, 노르딕워킹이 적합하다. 다음의 공식으로 최대 맥박을 정할 수 있다. $208 - (0.7 \times$ 나이$)$. 최대 맥박의 대략 60~80퍼센트에 맞춘 훈련 강도가 건강한 훈련이다. 예를 들어 45세라면, 공식에 따라 계산한 최대 맥박은 176.5이다. 그러므로 건강한 훈련을 위한 맥박수는 1분에 106~141 사이에 있다. 이것은 운동 초보자에게 좋은 방향을 제시해줄 것이다. 언젠가 흥미가 생겨서 야심차게 운동을 시작하고자 한다면 런닝머신의 레벨테스트로 자신의 수준을 먼저 진단할 필요가 있다.

유산소운동

• 최대 맥박: 208 − (0.7 × 나이)
• 훈련 맥박: 최대 맥박의 60~80퍼센트
• 달리기, 자전거, 수영, 노르딕워킹 같은 고전적인 유산소운동이 적합하다.

이런 고전적인 유산소운동이 싫다면, 트램펄린이 흥미로운 대안일 수 있다. 트램펄린 20분이 대략 조깅 30분과 맞먹고 게다가 관절에 무리도 주지 않는다. 관절 얘기가 나와서 말인데, 고관절, 무릎관절, 혹은 발목관절에 관절염이 있는 사람은 조깅을 해선 안 된다. 이런 환자에게는 자전거, 수영 혹은 노 젓기가 더 적합하다. 이런 운동에는 발을 삘 위험요소가 없기 때문이다. 관절염이 없더라도 조깅을 할 때는 달리는 자세에 주의해야 한다. 예전에 나의 조깅 트레이너는 발의 앞과 중간에 무게중심을 두고 달려야 한다고 늘 강조했다. 그래야 관절에 무리를 주지 않는다는 것이다. 그는 이것을 명심시키기 위해 구호까지 만들어 외쳤다. "Falling forward into space!" 해석하자면 '앞으로 넘어질 듯' 달려야 한다는 뜻이다. 그러나 새로운 연구결과들에 따르면, 우리 인간은 걸음마 연습 때부터 이미 각자 고유한 걸음걸이와 걸음 속도 그리고 보폭을 발달시킨다. 그러므로 새로운 걸음걸이를 다시 배우기보다는 오히려 타고난 걸음걸이를 최적화하는 것이 더 중요하다.

운동에서 고려해야 할 세 번째 요소는, 특히 남자들이 즐겨 무시해 버리는 유연성이다. 우리는 심하게 스트레스를 받고, 과도하게 일하며, 온몸의 근육이 긴장한다. 스트레칭 훈련을 중점적으로 시키는 '파워 스트레칭 스튜디오'가 괜히 미국에서 가장 인기를 누리는 게 아니다. 이 스튜디오에서는 달력나이를 따지지 않는다. 오로지 '스트레칭 나이'로 분류되기 때문에 이곳에서는 48세가 55세일 수 있다. 집중 훈련 뒤에 당신의 '스트레칭 나이'는 명확히 젊어질 것이다.

유연성운동은 근력운동과 유산소운동에 연결해서 해야 하고, 별도로 일주일에 한 번, 30분씩 유연성을 위해 뭔가를 해야 한다. 필라테스와 요가가 아주 적합하다. 그러나 가장 긴장이 많이 되는 각자의 근육에 맞춰 개인 프로그램을 짜도 된다.

스트레칭 운동

- 고양이 자세
- 골반 스트레칭
- 척추 트위스트
- 옆구리 스트레칭
- 허리 굽히기
- 톱 자세
- 가위 자세
- 스탠딩 덤웨이터 자세 Standing dumb waiter
- 런지 Lunging (다리운동)
- 평영

운동 이름이 낯설거나 이해하기 어렵다면 인터넷을 잠깐 검색해 보기 바란다. 예를 들어 'Standing dumb waiter'를 검색하여 사진들이나 유튜브 영상을 보면 아주 쉽게 이해할 수 있다.

근력운동을 30분씩 일주일에 두 번, 유산소운동을 30분씩 일주일에 두 번, 스트레칭을 30분씩 일주일에 한 번 하면, 일주일에 총 두 시간 30분이다. 그렇게 많은 시간을 내기가 어렵다고? 그렇다면 당신이 얼마나 많은 시간을 스마트폰, 인터넷서핑 혹은 텔레비전에 쓰는지를 한번 생각해보라. 틀림없이 그중 어딘가에서 하루 30분 정도는 빼낼 수 있을 것이다. 일단 운동을 해보면, 그것이 몸뿐 아니라 정신에도 좋다는 것을 알게 된다. 활기찬 에너지로 일상의 많은 과제를 쉽게 해결할 수 있다. 엔도르핀을 위한 쾌속 질주!

⟹ 결론

- 유산소운동, 근력운동, 유연성운동으로 구성된 3요소 트레이닝이 최적의 프로그램이다.
- 일주일에 두 번 각각 30분씩 근력운동과 유산소운동을 하고, 여기에 추가로 일주일에 한 번 30분씩 스트레칭을 하면 충분하다.
- 시간을 내기 어렵다면, '7분 운동' 같은 좋은 대안이 있다.
- 그리고 잊지 마시라. 약간이라도 움직이는 것이 전혀 안 하는 것보다 훨씬 낫다!

피트니스 트래커: 저주와 축복

미국 저널리스트 게리 울프 Gary Wolf 와 케빈 켈리 Kevin Kelly 는 2007년에 웹사이트(quantifiedself.com)를 개설하여, '셀프트래킹 Self-Tracking' 운동을

위한 새로운 플랫폼을 마련했다. 이른바 '수량화된 자아Quantified Self'의 팬들은 명상이나 더 높은 수준의 의식에 도달함으로써가 아니라, 수치와 데이터 축적을 통해 자신을 알게 된다고 선언한다. 자동차처럼 철저히 측정하고 튜닝함으로써 자기 자신을 최적화한다! 핏비트Fitbit, 애플워치Apple Watch 그리고 여러 다양한 신체 측정기기 같은 착용 가능한(wearable) 피트니스 트래커는 우리의 걸음 수를 세고, 앉아 있는 시간, 맥박, 심박리듬, 혈압, 호흡, 산소포화도, 뇌파, 혈당, 체지방, 칼로리, 수면, 섹스를 측정한다. 투명한 유리 인간은 이미 현실이 되었다.

"모든 움직임을 측정한다!" 어느 피트니스 트래커 광고는 말한다. 팔이나 머리에 찰 수 있고 심지어 여러 다양한 기능성 옷에 부착되어 있기도 하다. 이 기기가 수많은 측정 데이터를 수집하면 컴퓨터나 스마트폰이 데이터를 분석한다. 이것이 SNS에 올려지고, 어떤 사용자가 다른 사용자들보다 더 높고, 빠르고, 나은지 보여준다. 실적 지향 사회에서 또 다른 실적 경쟁을 하게 된다. 비록 직장의 실적 평가서에 기록되진 않지만, 이제 우리는 신체를 이용해 적어도 '사회적'으로 실적을 올릴 수 있다. 자기 몸의 관리자가 될 의욕이 생기고 독려를 받고 이 작은 비서의 데이터 분석을 성경처럼 믿는다.

피트니스 트래커 비판자들은 걸러지지 않은 데이터 홍수가 부분적으로 불분명하고 때로는 그것의 이용이 의심스러워 보인다고 지적한다. 전문 지식이 없는 일반인의 눈에도 이런 데이터의 분석이 의심스러워 보이긴 할 것이다. 맥박수라고 다 같은 맥박수가 아니다. 어떤 사람에게는 정상 범위인 혈압이 다른 사람에게는 확실한 위험요소일 수 있다. 또한 영구적인 통제가 과연 더 나은 결과로 이끌지도 의심스럽다. 확실한 것은, 우리의 몸이 (아마도 보험회사, 심지어 고용주, 그리고 소위 '유리 환자'를 위해) 데이터 원천이 되고 자신을 닦달하여 '자기 최적화'에 힘쓰게 되는 부정적인 면이 있다는 사실이다.

그렇다면 이 모든 것이 과연 얼마나 의미가 있을까? 의사로서 그리고 스포츠의학자로서 나의 경험은 다음과 같다. 《멘스 헬스 Men's Health》혹은 《핏 포 펀 Fit for Fun》을 정기 구독하는 운동 마니아들은 이제 자신의 활동을 기록하는 더 나은 스마트한 일지를 가졌다. 그들은 컴퓨터의 조종을 받아 체지방을 12퍼센트에서 10퍼센트로 낮출 수 있고, 페달을 밟을 때마다 몇 칼로리를 태웠는지 안다. 그들은 자기 몸에 대한 통제력을 가진다. 그들은 자기 자신을 코치하고 동기를 부여하고 관리한다. 그러나 이런 사람들은 피트니스 트래커 바람이 불기 이전부터 이미 아주 건강했다. 오히려 이들에게는 미세한 튜닝이 더 중요하다.

운동과 건강에 대한 의식이 지금까지 별로 높지 않았던 사람들에게는 피트니스 트래커가 축복이 아니다. 그들은 이제 30분 조깅으로 최대 500킬로칼로리를 태운다는 것을 피트니스 트래커 덕분에 알지만, 초콜릿 100그램이 530킬로칼로리를 추가한다는 것도 안다. 상황이 이러한데, 피트니스 트래커가 도대체 어떻게 동기를 부여한단 말인가? 그것은 오히려 환상을 깨고 어쩌면 심지어 새로운 스트레스 요인일 수 있다. 그리고 이런 정기적인 측정이 의사의 검진을 대체한다고 믿는 이들이 많아 더 위험할 수도 있다.

　내 생각에 피트니스 트래커의 주요 장점은 운동, 스포츠, 건강에 더 민감해지도록 돕는 것이다. 이 기기는 몸에 관심을 갖게 해주고 몸에 대한 감각을 높여준다. 그러나 기기가 알려주는 숫자를 자신의 느낌과 직관보다 더 위에 둬선 안 된다. 몸에 대한 감각은 중요하다. 위협적인 과적으로 짐이 돛에 거의 닿을 지경일 때 그것이 우리에게 경고를 보내기 때문이다. 몸이 보내는 신호에도 불구하고 트래커의 수치만 보고 아직은 괜찮다고 생각하는 사람은 결국 스스로 자신을 해치는 것이다. 자주 측정해보는 것은 좋지만 부디 항상 하지는 마

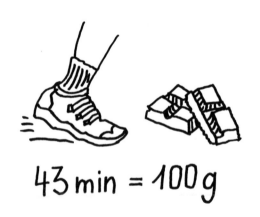

판초콜릿 한 개를 태우려면 대부분 30분 이상을 달려야 한다.

라. 이따금 그런 측정 없이, 최적화 없이 그냥 그렇게 호수 한 바퀴를 돌아라. 그것 역시 아주 좋다. 당신의 발자국 소리, 숨소리, 주변의 소음에 귀를 기울여라. 그리고 몸에 대한 감각을 발달시켜라. 이런 기기의 노예가 되지 말고 몸에 대한 주권을 지켜라! 운동을 좋아한다면, 이런 작은 물건이 잠재된 최적화로 계속 당신을 괴롭히며 운동의 재미를 망치게 두지 마라. 데이터 분석이 없더라도 운동을 하다 보면 언젠가는 몸이 좋아진다!

⟹ 결론

- 피트니스 트래커는 동기부여에 도움을 줄 수 있지만 또한 역효과를 낼 수 있다.
- 피트니스 트래커는 스트레스의 원인이 될 수 있다. 영구적인 자기 최적화는 힘들고, 때때로 심지어 위험하다.
- 피트니스 트래커는 부분적으로 무의미할 뿐 아니라, 잘못 해석하여 잘못된 결론을 내릴 위험이 있는 데이터를 주기도 한다.
- 피트니스 트래커는 절대 의사의 진찰을 대체할 수 없다.
- 그러므로 기기를 활용하되 그것의 노예는 되지 마라. 고유한 직관과 몸에 대한 자기 감각이 더 나은 조언자다.
- 한미디로 트래커에 자신을 맞추지 말고, 자신에게 맞는 운동을 하라.

chapter 22

무엇을 먹느냐가 중요하다

운동계뿐 아니라 우리 몸 전체를 건강하게 지탱하는 큰 기둥이 두 가지 있다. 그중 하나가 운동이다. 그러나 당신이 아무리 운동을 많이 할 수 있어도 건강하게 먹지 않으면 운동한 보람은 금세 물거품이 되어버릴 수 있다. 그것은 마치 멋진 스포츠카(단련된 신체)에 잘못된 연료를 넣고는 차가 왜 달리질 못할까 의아해하는 것과 같다.

무엇이 '건강한' 식단일까? 이 질문의 대답은 계속해서 새롭게 연구되고 발견된다. 우리가 섭취하는 영양소는 우선 3대 영양소인 탄수화물, 단백질, 지방이다. 이런 '세 가지 큰 영양소'는 우리에게 에너지를 주고 우리의 몸, 그러니까 뼈, 근육, 세포의 중요한 구성성분이다. 옛날에는 지방이 가장 나쁜 적으로 통했지만, 그사이 수많은 연구들이 밝혀낸 바에 따르면 지방은 결코 나쁜 적이 아니다. 발터 하르텐

바흐 Walter Hartenbach 는 《콜레스테롤 거짓말: 나쁜 콜레스테롤이라는 동화 Die Cholesterin-Lüge: Das Märchen vom bösen Cholesterin》에서 이것을 인상 깊게 증명했다. 그의 주장에 따르면, 콜레스테롤 수치를 내리는 약이 제약회사의 수십 억짜리 사업이지만, 심근경색이나 동맥경화 같은 국민질환과 마찬가지로 그것은 콜레스테롤 수치가 너무 높은 단지 몇몇 환자에게만 조건적으로 해당한다. 바야흐로 독일영양협회 역시 '건강한' 지방을 섭취하라고 권한다. 현재 우리 몸의 최대 적은 탄수화물로 바뀌었다. 여러 연구들이 당분 섭취와 심혈관계 질환의 상관관계를 보여준다.

텔레비전은 세월과 함께 점점 '날씬해'졌지만,
수많은 텔레비전 시청자들은 애석하게도 그렇지 못했다.

3대 영양소: 탄수화물, 지방, 단백질

탄수화물은 근육과 뇌의 주요 에너지 공급원이다. 탄수화물은 당분, 전분, 섬유질로 분류되고 당분이 다시 다당류와 단당류로 분류된다. 단당류보다는 다당류를 섭취하는 것이 더 나은데, 우리가 다당류를 먹으면 몸은 우선 다당류를 단당류로 쪼개는 데 몰두하느라 혈당 수치를 그렇게 빨리 올리지 않고 포만감을 오래 지속시키기 때문이다. 다당류는 잡곡, 통밀빵, 국수, 감자, 쌀, 렌즈콩, 견과류 그리고 몇몇 과일 종류에 들어 있다. 단당류는 특히 달콤하거나 설탕이 가미된 음식에 들어 있다. 단당류는 비록 빠르게 흡수되지만 쓸 만한 에너지를 거의 제공하지 않는다.

이와 관련하여 '혈당지수'라는 개념이 있다. 어떤 음식을 섭취한 이후 혈당이 얼마나 올랐는지를 보여주는 수치다. 예를 들어 리소토의 밥처럼 혈당지수가 높으면, 식후 혈당 수치가 빠르게 상승한다는 뜻이다. 반면 혈당지수가 낮은 통밀빵은 식후 혈당 수치가 적당히 오르고 리소토보다 확실히 느리게 내려간다. 그러므로 통밀빵 한 조각 혹은 무슬리(가능한 한 달지 않은 시리얼)를 아침에 먹으면 백밀빵 한 조각에 누텔라 초콜릿 잼을 발라 먹을 때보다 에너지 공급이 더 오래 지속된다. 후자의 경우, 허기가 금세 다시 느껴진다. 그러므로 건강하게 탄수화물을 섭취하려면 'LOGI 스타일' 그러니까 '혈당지수가 낮은^{Low Glycemic Index}' 음식을 먹어야 한다.

오랫동안 의심의 눈초리를 받아온 지방은 3대 영양소에서 두 번째 자리를 차지하고 우리의 생명에 매우 중요하다. 지방이 있어야 지용성 비타민 A, D, E, K(슈퍼마켓 체인 에데카^{EDEKA}를 기억하면 외우기 쉽다!)를 흡수할 수 있다. 또한 테스토스테론과 에스트로겐을 생산하려면 지방이 꼭 있어야 한다. 지방은 포화지방산, 단순불포화지방산, 고도불포화지방산으로 분류된다. 단순불포화지방산은 예를 들어 올리브유, 카놀라유, 아보카도, 견과류, 씨앗에 들어 있다. 고도불포화지방산, 즉 '필수' 지방산에는 오메가3와 오메가6가 속하는데, 우리 몸이 스스로 생산하지 못하는 영양소이기 때문에 반드시 음식으로 섭취해야 한다. 참치, 연어, 고등어 같은 생선, 견과류, 아마씨유와 홍화유 등이 주요 공급원이다. 이때 식물성 지방이 동물성 지방보다 비교적 더 낫다.

자연 음식에는 없고 공장에서 주로 생산하는 이른바 트랜스지방산이 특히 나쁘다. 트랜스지방산은 튀김, 패스트푸드, 감자칩 그리고 그와 유사한 음식들에 들어 있다. 그러므로 즉석요리와 기름지고 짭조름한 간식에는 손을 대지 말아야 한다.

종종 그렇듯이 여기에서도 용량이 중요하다. 지방을 너무 많이 섭취하면, 그것이 지방세포에 쌓인다. 포화지방과 불포화지방을 적절히 혼합하여 섭취하는 데 신경 쓰고 가능한 한 트랜스지방을 멀리

하라.

단백질은 3대 영양소에서 세 번째 자리를 차지한다. 단백질은 아미노산으로 구성되고 효소, 근육, 기관의 기본 구성요소이다. 단백질은 육류, 생선, 유제품, 콩류, 꼬투리열매, 견과류에 들어 있다. 단백질은 아주 천천히 소화되기 때문에 섭취 후 영양소가 되기까지 오래 걸린다. 단백질을 소화하는 데도 에너지가 필요하기 때문에 단백질은 신진대사의 터보엔진으로도 통한다. 단백질 음식을 먹으면 살이 즉시 빠지지는 않지만 신진대사가 활발해진다.

음식 피라미드

3대 영양소인 탄수화물, 지방, 단백질 이외에 우리의 몸은 비타민, 미네랄, 미량원소 같은 소량영양소와 최소한 2리터의 물이 매일 필요하다. 그러나 이 모든 것이 우리의 구체적인 영양 섭취에 어떻게 적용될까? 음식 피라미드가 이것을 한눈에 조망할 수 있도록 해준다. 단순화시켜서 보면, 에너지 공급의 약 50퍼센트를 탄수화물로 채우고 나머지 50퍼센트를 지방과 단백질로 채운다. 이때 지방은 약한 과체중에 기여한다. 이런 영양 권장은 연구결과에 따라 지속적으로 수

정되고 업데이트된다. 영양 섭취는 논쟁의 여지가 많았고 많이 토론되는 주제였으며 지금도 여전히 그렇다. 영양의학자 한스 콘라트 비잘스키Hans Konrad Biesalski 교수는 "무엇이 건강한 음식인지 아무도 모른다"라는 말로 핵심을 찔렀다. 그러나 내가 보기에, '클린 이팅CLEAN Eating'이 아주 좋은 기준인 것 같다. 이 말은 가공식품을 피하고 플라스틱에 밀봉한 음식을 사지 않고, 그 대신 지역에서 나는 제철 음식을 먹는다는 뜻이다. 이것만 지켜도 당신은 자동으로 탄산음료나 냉동피자를 소비하지 않고 결과적으로 현대의 거대한 음식 덫을 피할 수 있다.

영양 권장이 유동적인 것 이외에 각자의 신체조건, 유전 상태, 기초대사율, 생활방식에서 개인차가 크다. 그렇기 때문에 전문가들은 모두에게 맞는 이상적인 음식 피라미드가 아니라 대략적인 기준만 제시할 수 있다. 우리의 몸은 생존을 위해 그리고 심장박동, 혈액순환, 신진대사 같은 기본 기능을 유지하기 위해 최소한의 에너지가 필요하다. 이것을 '기초대사율'이라고 하는데, '해리스 베네딕트 공식'으로 각자의 기초대사율을 계산할 수 있다. 그러나 이 공식이 비교적 복잡하기 때문에 나는 인터넷에 있는 간단한 칼로리 필요량 계산기를 이용할 것을 권한다. 기초대사율의 출발점은, 우리 몸이 휴식 상태에서 위에 언급한 기본 기능을 유지하기 위해 필요로 하는 에너지다. 활동을 하는 순간 대사량은 높아진다. 힘든 직장생활뿐 아니라 스포츠와 운동도 여기에 속한다.

나는 내 기초대사율을 대략 계산해보았다. 나의 기초대사율은 약 60퍼센트(대략 1900kcal)였고, 신체 활동에 40퍼센트를 썼다. 그러므로 나는 평균적으로 매일 3100킬로칼로리의 에너지가 필요하다. 이제 3대 영양소의 에너지량을 조금 더 자세히 살펴보자.

- 탄수화물 1그램 = 4kcal
- 지방 1그램 = 9kcal
- 단백질 1그램 = 4kcal

50퍼센트 규칙을 적용하면 나는 대략 탄수화물 390그램, 지방 100그램, 단백질 150그램을 섭취해야 한다.

살을 빼려면 에너지 결산이 적자여야 한다. 즉 음식으로 공급되는 에너지가 소비되는 에너지보다 적어야 한다. 다시 한 번 자동차 비유로 돌아가면, 주유량보다 더 많이 써야 살이 빠질 수 있다. 체중 감량은 큰 주제다. 매년 잡지들이 겨울호에서 맛있는 크리스마스 요리 레시피 뒤에 곧바로 최신 다이어트 비법을 소개하지만, 체중 감량은 겨울만의 주제가 아니다. 독일의 최신 수치는 충격적이다. 남성의 3분의 2, 여성의 절반이 과체중이고, 심지어 남녀 모두 4분의 1 가까이가 비만이다.

체질량지수, 체지방 비율, 근육량

체질량지수[BMI]와 체지방 비율이 안내선 구실을 한다. 체질량지수가 18.5에서 25kg/m²이면 정상으로 통한다. 그러므로 키가 185인 남자는 체중이 대략 70~80킬로그램 사이여야 한다. 체지방 비율을 측정하는 특수 저울이 있는데, 이 저울은 나이와 성별에 따라 수치가 정해진다. 20~40세 사이의 남성은 8~20퍼센트여야 하고, 같은 나이대의 여성은 21~33퍼센트여야 한다. 근육량이 대략 30세부터 지속적으로 감소하기 때문에 '허용되는' 체지방 비율 역시 나이와 함께 높아진다. 신체 상태를 보여주는 수치 중에서 세 번째로 중요한 것이 근육량이다. 이것 역시 나이와 성별에 좌우된다. 근육량이 증가하면 자동으로 체지방 비율이 감소한다. 근육량이 많을수록 기초대사율이 높아지고, 기초대사율이 높으면 체중 감소나 유지가 쉽다. 근육량이 많을수록 당뇨와 심혈관계 질환의 위험은 낮다. 여성의 정상 수치는 20~50세 사이에 30~35퍼센트이고, 같은 나이대의 남성은 40~45퍼센트이다.

체질량지수, 체지방 비율, 근육량, 이 세 가지 수치로 당신은 간단히 자가 점검을 할 수 있다. 정상 수치를 유지하기 위해서는 스포츠와 운동이 매우 중요하지만, 더 결정적인 요소는 음식이다. 한 시간 동안 지구력운동을 하면 많아야 800킬로칼로리를 소비한다. 그런데

감자튀김 1인분 혹은 햄버거 한 개에 각각 300킬로칼로리가 들어 있고, 콜라 한 캔에 약 140킬로칼로리가 들어 있다. 이것을 몸에 쌓는 데는 10분도 채 안 걸린다. 그에 비해 한 시간 운동은 아주 길다.

이런 간단한 비교에서 우리는 음식이 가장 효과적인 지렛대임을 알 수 있다. 건강한 생활을 위해서는 건강한 식단이 필수이고, 신체에 주의를 기울이기와 운동하기는 옆에서 거드는 정도다.

● 맺는 말 ●

주의 깊게 보살피자!

이제 당신은 우리의 기발한 운동계를 이른바 '머리에서 발끝까지' 안다. 운동계의 강점과 약점, 가장 자주 하는 질문들 그리고 빈번히 발생하는 문제들과 그것에 대처하는 방법에 대해서도 알게 되었다. 바라건대 운동계라는 걸작을 잘 관리해야 한다는 것도 깨달았기를! 자유롭게 움직이기 위해 당신이 투자할 것은 매일 30분씩 '몸 풀기' 면 충분하다. 그것을 위해 퍼스널 트레이너PT가 필요치 않고, 요가 자격증도 필요 없다. 당신에게 필요한 것은 오직 주의력이다! 당신의 몸에 주의를 기울여라. 몸의 요구에 귀를 기울여라. 사실 몸은 무엇이 되고 무엇이 안 되는지 우리에게 명확히 신호를 보낸다. 특히 허리를 통해! 자동차를 정기적으로 점검하는 것의 절반만큼이라도 우리 몸을 관리한다면, 그것만으로도 벌써 많은 이득을 얻게 되리라!

당신이 이 책을 읽고 우리의 매력적인 운동계를 존경하게 되었고, 운동계에 약간의 주의력을 갖게 되었고, 어쩌면 지금까지 이 걸작을 함부로 취급했던 것에 양심의 가책도 살짝 느꼈기를 바란다. 몇몇 조언들을 명심하고 당신의 몸을 세심하게 보살핀다면, 어쩌면 67세도 심지어 40세처럼 살 수 있으리라. 부디 몸조심하시길!

하노 슈테켈 올림

• 감사의 말 •

아내 로잘리에가 준 영감에 고마움을 전한다.

나의 두 딸 헬레나와 엘리자는 기발하고 자유로운 움직임이 무엇을 뜻하는지 매일 내게 보여주었고 좋은 아이디어를 수없이 선사했다. 고맙다, 딸들아!

또한 긴 여정에 전문적으로 동행해준, 슈테판 울리히 마이어, 하이케 그로네마이어, 주잔네 히르트라이터 그리고 안드레아 노이호프에게 고맙다.

삽화를 그려준 카트린 피더링에게도 감사의 인사를 보낸다. 다행히 그녀 역시 베를린에 살았고, 특별한 그림으로 내게 큰 도움을 주었다. 그녀의 그림 덕분에 많은 텍스트를 아낄 수 있었다.

당연히 가장 큰 감사는 매일 새롭게 내게 동기부여를 했던 나의 환자들에게 보낸다.

● 영감을 준 참고도서 ●

내가 영감을 얻었던 책, 웹사이트, 영화 들을 이곳에 간략히 정리해둔다. 이 목록이 어쩌면 당신에게 우리 몸의 매력적인 구조에 더 깊이 관심을 갖고 연구하고 싶은 영감을 줄지도 모른다. 전체 참고문헌은 나의 웹사이트에서 확인할 수 있다(www.knie-spezialist.berlin).

'수량화된 자아'에 대하여: *quantifiedself.com* (웹사이트)

Absolut Mann: Fit bleiben und gut aussehen – die besten Strategien(절대 남자: 건강 유지와 멋진 외모 – 최고의 전략). *Hesch, Bosch; Droemer* (2003)

Born to Run: A Hidden Tribe, Superathletes, and the Greatest Race the World Has Never Seen(본 투 런: 숨겨진 부족, 슈퍼 운동선수, 세계에서 본 적이 없는 최고의 레이스). *McDougall; Heyne* (2015)

〈컨커션*Concussion*(뇌진탕)〉: 피터 랜즈먼 감독 영화 (2015)

Das große Pilates-Buch(위대한 필라테스 책). Bimbi-Dresp; Gräfe und Unzer (2016)

Das Turbo-Stoffwechsel-Prinzip: So stellen Sie den Körper dauerhaft auf 'schlank' um(터보 신진대사 원리: 장기적으로 몸을 '날씬하게' 바꾸는 방법). Froböse; Gräfe und Unzer (2014)

Die Cholesterin-Lüge: Das Märchen vom bösen Cholesterin(콜레스테롤 거짓말: 나쁜 콜레스테롤이라는 동화). Hartenbach; Kopp (2012)

Die neue Trendkost: Mit glykämischer Last(새로운 트렌드 비용: 혈당 부담). Montignac; Artulen (2004)

Eat and Run: My Unlikely Journey to Ultramarathon Greatness(잇 앤 런: 위대한 울트라마라톤으로 가는 나의 뜻밖의 여정). Jurek; Südwest (2014)

Fit ohne Geräte: Trainiere mit dem eigenen Körpergerwicht(기구 없이 건강하게: 자신의 체중을 이용한 트레이닝). Lauren; Riva (2011)

Fitness after 40: How to Stay Strong at Any Age(40세 이후의 건강: 나이와 상관없이 언제나 건강하게 사는 법). Wright; Amacom (2008)

Funktionelles Schlingentraining: Grundlagen & Übungskatalog(효율적인 서스펜션트레이닝: 기본 & 동작 카탈로그). Schurr; Books on Demand (2011)

Geschäftsmodell Gesundheit: Wie der Markt die Heilkunst abschafft(건강 사업모델: 시장은 어떻게 치유기술을 제거했나). Maio; Suhrkamp (2014)

HIT-Fitness: Hochintensitätstraining – maximaler Muskelaufbau in kürzester Zeit(히트 피트니스: 고강도 트레이닝-단시간에 최대로 근육 만들기). Gießing; Riva (2010)

Natural Running: Schneller, leichter, schmerzfrei(내추럴 러닝: 더 빨리, 더 가볍게, 통증 없이). Marquardt; Spomedis (2017)

So dick war Deutschland noch nie(독일이 이렇게 뚱뚱했던 적은 없었다). 과체중 발달에 관한 제13차 독일영양협회(*DGE*) 영양 보고서

Ultramarathon Man: Aus dem Leben eines 24-Stunden-Läufers(울트라 마라톤맨: 24시간을 달리는 사람의 인생에 대하여). Karnazes; Riva (2007)

Vegan for Fun: Vegane Küche die Spaß macht(비건 포 펀: 비건 요리는 즐겁다). Hildmann; Becker Joest Volk (2011)

Werde ein geschmeidiger Leopard: Die sportliche Leistung verbessern, Verletzungen vermeiden und Schmerzen lindern(유연한 표범이 되어라: 운동 실력 개선, 부상 예방, 통증 완화). Starrett; Riva (2016)

Yoga – Das große Praxisbuch für Einsteiger und Fortgeschrittene(요가 – 초보자와 숙련자를 위한 위대한 실전 응용편). Schöps; Delphin (2017)

옮긴이 **배명자**

서강대학교 영문학과를 졸업하고, 출판사에서 편집자로 8년간 근무했다. 이후 대안교육에 관심을
가지게 되어 독일 뉘른베르크 발도르프 사범학교에서 유학했다. 현재는 바른번역에서 번역가로
활동 중이다. 《매력적인 장 여행》《매력적인 심장 여행》《매력적인 피부 여행》《무계획의 철학》《부
자들의 생각법》《생각을 버리는 심리학》등 다수를 번역했다.

감수자 **은상수**

서울대학교 의학박사. 현재 청담 우리들병원 진료원장으로 환자들을 돌보고 있다. 삼성서울병원
정형외과 전문의를 수료하였으며, 척추/관절 SCI 논문을 20편 이상 발표했고 여러 학술지의 검토
위원으로 활동하고 있다. 지은 책으로 《정형외과 운동법》이 있다.

매력적인 뼈 여행

초판 1쇄 인쇄 2019년 5월 10일 | 초판 1쇄 발행 2019년 5월 21일

지은이 하노 슈테켈 | 그린이 카트린 피더링 | 옮긴이 배명자 | 감수자 은상수
펴낸이 김영진

사업총괄 나경수 | 본부장 박현미 | 사업실장 백주현
개발팀장 차재호 | 책임편집 신주식
디자인팀장 박남희 | 디자인 김리안
마케팅팀장 이용복 | 마케팅 우광일, 김선영, 정유, 박세화
출판기획팀장 김무현 | 출판기획 이병욱, 강선아, 이아람
출판지원팀장 이주연 | 출판지원 이형배, 양동욱, 강보라, 전효정, 이우성

펴낸곳 (주)미래엔 | 등록 1950년 11월 1일(제16-67호)
주소 06532 서울시 서초구 신반포로 321
미래엔 고객센터 1800-8890
팩스 (02)541-8249 | 이메일 bookfolio@mirae-n.com
홈페이지 www.mirae-n.com

ISBN 979-11-6413-093-1 03470

「이 도서의 국립중앙도서관 출판시도서목록(CIP)은 서지정보유통지원시스템 홈페이지(http://seoji.nl.go.kr)와
국가자료공동목록시스템(http://www.nl.go.kr/kolisnet)에서 이용하실 수 있습니다.
(CIP제어번호: CIP2019014534)」